河南省科学技术协会资助出版·中原科普书系

河南省"四优四化"科技支撑行动计划丛书

芍药周年生产技术

张和臣　赵丹琦　姚顺阳　主编

中原农民出版社

·郑州·

图书在版编目（CIP）数据

芍药周年生产技术 / 张和臣，赵丹琦，姚顺阳主编 . —郑州：中原农民出版社，2022.5
ISBN 978-7-5542-2573-8

Ⅰ．①芍… Ⅱ．①张… ②赵… ③姚… Ⅲ.①芍药—观赏园艺 Ⅳ.①S682.1

中国版本图书馆CIP数据核字（2022）第055911号

芍药周年生产技术

SHAOYAO ZHOUNIAN SHENGCHAN JISHU

出 版 人：刘宏伟
策划编辑：段敬杰
责任编辑：侯智颖
责任校对：李秋娟
责任印制：孙　瑞
装帧设计：董　雪

出版发行：中原农民出版社
　　　　　地址：郑州市郑东新区祥盛街 27 号　　邮编：450016
　　　　　电话：0371-65788199（发行部）　0371-65788651（天下农书第一编辑部）
经　　销：全国新华书店
印　　刷：河南瑞之光印刷股份有限公司
开　　本：787 mm × 1092 mm　1/16
印　　张：7.5
字　　数：135 千字
版　　次：2022 年 7 月第 1 版
印　　次：2022 年 7 月第 1 次印刷
定　　价：39.00 元

丛书编委会

本书作者

主　编　张和臣　赵丹琦　姚顺阳

副主编（按姓氏笔画排序）

王　慧　李灵敏　杨　艳　宋美玲

岳　超　周福宽　黄　鹏

前　言

　　芍药，其花可赏，根可入药。百花之中，其名最古，早在《诗经》中就有"维士与女，伊其相谑，赠之以勺（芍）药"的诗句。因其常用于情人之间的赠予，故而被称为"爱情花"。芍药的色、香、韵俱佳，所以它又是"美人"的代称。"自古风流芍药花"，历代文人墨客为之倾倒，留下了许多脍炙人口的与芍药相关的佳作，成就了绚丽灿烂的芍药文化。芍药不但成就女性的美丽，还能呵护人们的健康。《神农本草经》记载其可"主邪气腹痛，除血痹，破坚积寒热"。作为中药，有白芍和赤芍之分。

　　芍药在中国是最早的栽培花卉之一，栽培历史超过4 900年。在西方，芍药最早作为药材栽培，后逐渐用于庭院和切花栽培。由于其花朵硕大、花形饱满、花色靓丽，切花芍药逐渐成为西方婚庆花卉的主角之一。近年来，芍药作为切花和盆花，在我国也成为一种新的风尚，发展为一种新的产业。芍药周年栽培成为新的趋势，发展迅速，一些新品种、新技术、新手段和新方法逐渐应用到该领域。为了更好地指导芍药栽培，我们立足于多年的研究积累及生产实践总结，并借鉴国内外同行在该领域的发现，编写了《芍药周年生产技术》。

　　本书从芍药的栽培历史、现状和前景着手，阐述了芍药的生物学特性，对一些芍药品种进行了分类介绍，并梳理了芍药的一些最新栽培技术及病虫害防治方法。以期为芍药生产和种植者、花卉栽培爱好者提供系统的理论知识和生产技术指导。

目录

一、芍药种类资源与地域分布

芍药(*Paeonia lactiflora*),芍药科芍药属草本花卉,是我国原产的著名传统花卉。芍药位居草本花卉之首,有"天下第一娇"的美称。其花朵硕大、花色艳丽、花形别致、花香浓郁,被推为"花相"(花中宰相),处于一花(牡丹)之下、百花之上的崇高地位。芍药早在夏商周时期就以风雅流咏著称于世。我国最早的诗歌总集《诗经》中就有"维士与女,伊其相谑,赠之以勺(芍)药"的诗句,真实记载了夏商周时期我国就有了以芍药相赠表达惜别之情和爱恋之意的社会习俗。《本草纲目》载"芍药犹绰约也。绰约,美好貌。此草花容绰约,故以为名"。

芍药隶属芍药组中较为原始的种,主要分布在欧亚大陆温带地区,约30个种。我国不仅是芍药野生资源的分布、起源、演化中心,而且也是第一资源大国。我国芍药的野生资源有芍药(*Paeonia lactiflora*,图1-1)、草芍药(*Paeonia obovata*,图1-2)、多花芍药(*Paeonia emodi*,图1-3)、美丽芍药(*paeonia mairei*,图1-4)、白花芍药(*Paeonia sterniana*,图1-5)、川赤芍(*Paeonia veitchii*,图1-6)、新疆芍药(*Paeonia sinjiangensis*,图1-7)、窄叶芍药(*Paeonia anomala*,图1-8)8个种和多个变种。我国芍药不仅野生资源众多,而且栽培品种也很丰富。

图1-1 芍药

图 1-2　草芍药

图 1-3　多花芍药

图 1-4　美丽芍药

图1-5 白花芍药

图1-6 川赤芍

图 1-7 新疆芍药

图 1-8 窄叶芍药

《山海经》多处提到芍药的野生分布及其生长环境,如北山经中北次三经记有"绣山……其木多枸,其草多芍药、芎䓖"。芎䓖应是川芎。中山经有三处对芍药的记载:中次五经记有"条谷之山,其木多槐桐,其草多芍药、虋冬"。虋冬是指门冬(麦门冬或天门冬)。中次九经记有"勾檷之山。其上多玉。其下多黄金。其木多栎柘,其草多芍药"。中次十二经记有"洞庭之山……其木多柤、梨、橘、櫾,其草多葌、蘪芜、芍药、芎䓖"。该经后面提到澧水和沅水,在今湖南。树种有柤、梨、橘、柚,草本有兰草、蘪芜、芍药和芎䓖。根据古代文献记载和现代的考察,对照古今地域名称,芍药在当时华北、华中一带广为分布。此外,山东招远和陕西陵川、灵丘等地,山岭上下,溪涧两旁,都有大面积野生芍药分布。

我国适宜芍药生长的气候类型分别跨越了北温带、中温带、南温带、北亚热带、中亚热带和高原气候区。草芍药分布于四川东南部、贵州(遵义)、湖南西部、江西(庐山)、浙江(天目山)、安徽、湖北、河南西北部、陕西南部、宁夏南部、山西、河北、辽宁、吉林等地。美丽芍药分布于云南东北部(巧家)、贵州西部(毕节)、四川中南部、甘肃南部、陕西南部。生长在海拔 1 500~2 700 米的山坡林缘阴湿处。川赤芍分布于西藏东部、四川西部、青海东部、甘肃及陕西南部。在四川生长在海拔 2 550~3 700 米的山坡林下草丛中及路旁,在其他地区生长在海拔 1 800~2 800 米的山坡疏林中。多花芍药主要分布在西藏南部。白花芍药则主要分布于西藏东南部。新疆北部是新疆芍药分布的集中区。如今,随着人类活动的不断增强,现存的芍药呈现分化发展,芍药种植类型从我国不断向西迁移,在地中海地区强烈分化,衍生出众多品种。特别是从云南、四川、甘肃至陕西、山西一线,是现存芍药属原始类群分化发展的中心,而地中海地区则是次生分化中心。

二、芍药的栽培历史及产业现状

（一）芍药的栽培历史

中国芍药栽培历史悠久，远在夏代就在宫廷中观赏种植，至今已有4 000多年的栽培历史。

战国末期，伟大诗人屈原在《离骚》中有"畦留夷与揭车兮，杂杜衡与芳芷"的记载。据《广雅疏证》注释，留夷即挛夷，便是芍药。

魏晋南北朝时，《建康记》提到"建康出芍药极精好"，而《晋宫阁名》提到"晖章殿前，芍药花六畦"。南朝诗人谢朓在《直中书省诗》载有"红药当阶翻，苍苔依砌上"的名句，折射出芍药在庭院绿化中的应用。

到了唐代，虽然出现了重牡丹轻芍药的倾向，但从一些咏芍药的诗词歌赋的记载中，依然可以看出芍药仍是当时颇为流行的花卉，各地种植和应用仍繁盛不衰。仅《全唐诗》中涉及芍药的诗词就有近30首，其中将芍药作为第一描写对象的篇目有5首。唐代诗人韩愈尤爱芍药，著有《芍药》一诗。其中"浩态狂香昔未逢"句中，一个"狂"字形象地突出了芍药的香气特征；而白居易的《草词毕遇芍药初开，因咏小谢红药当阶翻诗》中对芍药的描述最为典型、最为出彩。说明芍药在当时已广泛种植，尤其在南方的广陵（今江苏扬州），其芍药品种万千，姹紫嫣红，盛况无比，成为中国芍药栽培中心。时人以广陵芍药与洛阳牡丹相媲美。且在唐代，中国芍药已有起楼花型的品种出现，其雌雄蕊已经初步瓣化。

在北宋则有"洛阳牡丹，广陵（今江苏扬州）芍药"并美于世之说。如刘攽曰："天下名花，洛阳牡丹，广陵芍药，为相侔埒。""广陵芍药有自他方移来种之者，经岁则盛，至有十倍其初，而胜广陵所出远甚。地气相宜，信其为天乎？"刘攽还说，芍药花开时，"自广陵南至姑苏，北入射阳，东至通州海上，西止滁和州，数百里间人人厌观矣"。说明当时苏南苏北、皖南皖北广大地区，芍药都有广泛栽培。这句话写在《芍药谱·序》里，该书是中国最早的一本芍药专谱。宋时除扬州外，杭州也产芍药，《咸淳临安志》提到银山门外范浦镇，多植此花，冠于诸邑。另洛阳芍药栽培也有一定规模。周师厚在《洛阳花木记》中说："今摭旧谱所未载，得芍药四十余品，杂花二百六十余品，叙于后。"并介绍了"分芍药法"。

宋代不仅是芍药栽培史上的兴盛期，同时也是芍药栽培技艺上的成熟期和芍药谱记的丰收期。王观《扬州芍药谱》载："居人以治花相尚，方九月十月时，悉出其根，涤以甘泉，然后剥削老硬病腐之处，揉调沙粪以培之，易其故土，凡花大约三年或二年一分；不分，则旧根老硬，而侵蚀新芽，故花不成就。分之数，则小而不舒，不分与分之太数，皆花之病也。花之颜色之深浅，与叶蕊之繁盛，皆出于培壅剥削之力。花既萎落，亟剪去其子，屈盘枝条，使不离散。故脉理不上行而皆归于根，明年新花繁而色润。"这种方法至今仍有很大的参考价值，这也是当时优良品种辈出的原因之一。

到了明代，芍药牡丹栽培中心转移到了安徽亳州，清代又转到山东曹州（今山东菏泽），后又转至北京丰台一带。《析津日记》记载："芍药之盛，旧数扬州……今扬州遗种绝少，而京师丰台，连畦接畛……"可见当时种植之盛，芍药的栽培技术有了进一步的发展和提高。国都北京，芍药与牡丹的栽培空前兴盛。城内宫室官署多有栽培。首先是皇宫，明代刘若愚《明宫史》载："殿之东曰永寿殿，曰观花殿，植牡丹、芍药甚多。……牡丹盛后，即设席赏芍药花也。"可见芍药的魅力和人们对芍药花的热爱。《学圃余疏》记载："明宣宗幸文渊阁，命于阁右筑石台，植淡红芍药一本，景泰初增植二本，左纯白，右深红。"另近郊梁家园、清华园、惠安园三大名园也大量种植。其中惠安园仅白芍药就有数十亩，有十余万株。

明末清初时，山东曹州也以芍药栽培闻名。据《古今图书集成》记载："曹县，物产芍药，远自三代，见于诗书……此花无甚新出，大约百余种，根有赤白二种，入药。"此外，还有不少地方也产芍药。清代高奇士《北墅抱瓮录》中说："芍药之种，古推扬州。今以京师丰台为盛。浙中虽无佳种，惟培溉有方，花亦颇大，有红、白、紫数种，深浅不同。曲院短垣，下叠石砌，排比种之，灿烂满目。"《古今图书集成》中还记载："登州府：物产芍药，有赤、白、粉红三种。"

据清康熙本《扬州府志》记载："刘攽著谱，花凡三十二种（按，实为31种），以'冠群芳'为首：其后王观、孔武仲、艾丑各有谱，观之谱如攽而益以'御衣黄'（实为'御叙黄'）等八种，武仲之种三十有二，丑之种二十有四，皆首'御衣黄'；绍熙广陵志种亦三十二，而首'御爱红'（实为'御爱黄'），其品具各谱，不可殚记。"康熙《江南通志》提到，徐州府多植芍药，极为奇盛；与扬州隔江相望的镇江府有芍药赤、白二种，出茅山者最好，白而长大。道光《安徽通志》提到颍州府所产芍药重台茂密芳香不散，以亳出者，甲于四方，亳州成为芍药另一重要产地。

据光绪年间《吉林通志》引《大金志》载：金太祖十四年，生红芍药，北方以为瑞，女真地多白芍药，花野生，向无红者，好事之家，采其芽为菜，以面煎之，其味脆美。又据光绪年间《畿辅通志》引《元一统志》记载：大宁路金源县、利州、兴中州、川州，皆土产芍药；又兴中州有芍药河，源自芍药庄山谷间芍药丛中流出，故有此名。引《永平府志》提到，桃林关外有芍药川，花多白，开时弥漫十余里。芍药川因沿河有大片野芍药而得名。引《热河志》提到:该地芍药往往不由人力,自生山谷间,有红白二色。引《口北三厅志》提到:芍药较内地为小,花有红白二种。此外,山东招远和山西陵川、灵丘等地,山岭上下,溪涧两旁,都有大面积野生芍药分布。此外,各地方志还提到陕西、甘肃皆产赤芍、白芍。四川龙安府,湖南慈利、郴州,以及云南、福建等地均有芍药种植。

民国初年,上海芍药也有一定规模。黄岳渊、黄德邻著的《花经》称:"予真如园中亦有芍药四百余种,花有单瓣、重瓣、起楼之别。"《花镜》中所列88种,"予园中均备具;且每年皆有新种及西洋种之输入;各有定者,亦有未定者,不下二百种,惜黄花种已不多见"。

中华人民共和国成立后,我国芍药产业有了较快发展,与牡丹产业一样,先后经历了3个阶段。一是恢复发展阶段(1949~1957年),芍药生产开始复苏,不少产区大力寻觅收集散失的品种、着手培育新品种、恢复和扩大芍药种植面积,如我国芍药生产中心山东菏泽到1953年恢复栽植芍药0.66公顷。二是曲折发展阶段(1958~1977年),此期间芍药生产和应用呈波浪式发展,在观赏园艺中没有引起足够的重视,往往依时局形势发展变化,其作为药材的生产量远远超过观赏的生产量,山东菏泽1964年芍药已发展种植达34.2公顷,50多万株,46个品种。三是快速发展阶段(1978年以后),特别是在改革开放的大好形势下,花卉业如鱼得水,迅猛发展。菏泽芍药1990年的栽培面积为66.6公顷,品种200多个,占全国芍药品种的85%以上,形成了300万枝芍药切花的生产能力,并已向日本等国家出口,其在全国观赏芍药栽培中心的地位进一步巩固和加强。河南洛阳芍药生产也有较快发展,并将芍药用于主要街道的美化。北京植物园建立了芍药园,收集了200多个芍药品种。此外,景山公园、故宫御花园、北海公园、中山公园、地坛公园、紫竹院公园、宝藏寺风景区等风景名胜区都建有一定面积的芍药观赏园,同时还在北京建立了大规模的芍药农业试验示范区。甘肃兰州、临夏、临洮,安徽北部、亳州及其邻近地区,四川中江、绵阳,湖南邵东,浙江东阳等地,都有大面积的药用芍药种植。此外,陕西、湖北(英山、建始、利川)、贵州也有栽培。特别是中国花卉协会牡丹芍药分会成立,并卓有成效地开展工作以来,对我国芍药的发展起到了很大的引导和推动作用,使其走上了健康发展的快车道。

近几年来,全国各地的芍药发展规模逐年增大,已发展成为全球种植面积最广、品种最多、花色最齐全的芍药生产大国。观赏芍药形成了以菏泽、洛阳为生产中心,北京、兰州、赤峰、青岛、扬州、杭州等地也有一定规模的发展局面。药用芍药栽培则以安徽亳州,四川中江、绵阳以及大巴山一带,湖南邵东,浙江东阳,河北安国等地为主,陕西、湖北、贵州、云南的一些地区也有栽培。

综观芍药的发展简史,我们可以看到我国芍药的栽培历史不仅悠久,而且品种繁多,分布极广,如同牡丹一样,色系齐全。这些都足以证明我国是当之无愧的全球种植面积最大、品种最多、花色最齐全的芍药大国。

（二）中国芍药的对外传播

芍药作为观赏花卉是在中国最早发展起来的，世界各国广泛进行的芍药栽培大多是在引入中国芍药优良品种并进行育种后形成的。可以说，中国芍药对世界芍药的发展起了非常关键的作用。

公元 8 世纪，芍药在英国作为食材调味品使用，至公元 14 世纪，芍药开始作为园林观赏植物应用。公元 918 年，日本出版的医学专著《本草和名》是日本最早记载芍药的书籍，日本引入中国芍药品种的记载，最早见于《仙坛抄》（1445 年），以后不断进行新品种选育。神奈川县立农事试验场从 20 世纪初进行该项工作，以培育输出新品种为目的。宫汉文吾等人 1932 年公布了 700 个新品种，其中大部分品种至今仍在种植。在欧洲，约在公元 77 年出版的《Nature History》就已详细地描述了芍药的形态特征并记载了其药用功效和使用方法。12 世纪时，欧洲开始栽培南欧原产的芍药，并培育出一些园艺品种，15 世纪育出重瓣品种：Albicans（白花、重瓣）、Rosea（深粉色）、Rubra（鲜红色）、Anemoneflora 等。19 世纪初，中国芍药被引入欧洲，其中芳香（Fragrans）是 1805 年引入邱园栽培的；慧氏（Whitleyi）于 1808 年引到英国；福美（Humei）为大花重瓣，深红色，1810 年由广州引入英国；1822 年，欧洲又引入深红色半重瓣的 Pottsii 等。中国芍药华丽优美的花容，使得欧洲原有的芍药品种黯然失色。从此，欧洲各国以巨大的热情倾注于芍药新品种选育，并以中国芍药优良品种为亲本进行杂交，取得明显成效。1937 年从福美杂交实生苗中选出至今仍受欢迎的切花品种 Festiva Maxima。

美国约在 17 世纪开始栽培芍药，并在 1903 年成立了芍药协会（APS），随即开展了品种整理工作，确定芍药品种 500 多个，为芍药品种的整理做出了巨大贡献，并逐渐成为芍药品种的权威注册机构。此后，美国育种家充分利用芍药组的种质资源，以中国芍药为亲本材料，在育种上做了大量工作，取得了重要成就。目前，在美国芍药协会收录的品种已经有 7 000 多个（含牡丹）。

（三）芍药的价值及产业应用

芍药在我国通过几千年来的栽培、繁育和应用，尤其是在文人墨客对其进行歌咏、摩画和情感寄寓的过程中相互濡染渗透，形成了非常丰富多彩的芍药文化。这些古文献记载和描绘对芍药价值的传承和发扬起到了非常关键的作用。芍药的价值涉及很多领域，可观赏，可食用，亦可作为中药。根据其价值的呈现形式，在产业应用上主要包括：

1. 观赏

芍药因其花形妩媚、花色艳丽，具有极高的观赏价值。芍药已经育有八大色系，十种花型,早、中、晚花期齐全,可从 4 月中旬开至 5 月下旬。芍药由于适应性强、管理粗放,在园艺方面,其应用方式多样,如盆栽、庭院布置、专类园建设等,可以片植,亦可呈带形栽植或孤植,是中国园林中的特色花卉。另外,芍药可作为切花使用,其切花产业在很多国家发展良好。

(1)**园林景观** 芍药在园林中的应用较广,在公园、街头绿地、机关住宅及厂矿中都有栽植,常见应用形式有芍药专类园、花台及花带、花境。

芍药专类园是芍药在园林中应用较多的形式之一,在城镇建立以芍药为主题的公园,或在大型公园、植物园或风景区的某一局部设置芍药专类园(图 2-1),集中栽植大量不同花色、不同花型、不同花期的优良品种,一般与牡丹相得益彰,以展示其丰富多彩的品种资源。

图 2-1 芍药专类园

专类园主要有两种布置形式:自然式和规则式。前者以芍药为主体,结合地形变化,配以其他树木花草、山石、建筑等,从而衬托出芍药的天生丽质(图 2-2)。后者通常在地势平坦的地方将园区划分为规则的花池,池内等距离栽植芍药,不与其他植物、山景一起配置。这类芍药园整齐、统一,便于栽培管理,有利于集中观赏,也便于比较和研究不同品种的特性。在大面积的芍药园里,芍药盛开的场面颇为壮观。由于这种应用方式不需要改造地形,也不与其他植物或景观搭置,因而设置容易,投资少,管理亦较方便,应用较多。

图 2-2　芍药与石头搭配

　　另外,也可根据园内实际情况,采取自然式与规则式相结合的规划方式。比较有名的芍药专类园主要在洛阳、菏泽、扬州(图 2-3)等地,沈阳、兰州、北京等城市芍药栽培也颇具影响。洛阳有国家牡丹园、中国国花园、神州牡丹园、王城公园、国际牡丹园、洛阳牡丹园(图 2-4)、洛阳国花园、隋唐城遗址植物园、牡丹公园;菏泽有曹州百花园。虽然这些专类园以牡丹扬名,但是若无芍药,便无以争辉。芍药是扬州的市花,自古就有广陵芍药赛牡丹之说,是扬州当之无愧的文化名片;其栽植品种达 1 000 种以上,每年在 4 月底至 5 月初,数万朵芍药齐放,万紫千红,整个城市成了花的海洋。

图 2-3　扬州芍药园

图2-4　洛阳牡丹园

因芍药性喜干燥,不耐积水,因此花台是芍药在园林应用中的主要栽植方式。这种栽植方式在地下水位高且降水多的地方较为常见。花台一方面为芍药提供生长的适宜环境,另一方面,由于栽培地势较高,更容易接近游人视线,给人留下深刻印象。花台通常也分为自然式和规则式两类。自然式花台为不规则状,可随地势起伏而高低错落,一般用自然山石堆成,也可点缀一些观赏树种作陪衬,如杭州西湖花港公园里的牡丹、芍药园就是采用这种方式。规则式花台通常用花岗岩、水泥、砖、汉白玉等砌成方形、圆形等几何形状,台内等距离种植芍药。规则式花台中的品种选择要讲究花色、花型和株型的变化,使高低错落、参差有致、明暗对比、相映成趣,达到很好的立面效果。上海植物园的花台,颐和园大门内侧的花台等,均以形貌奇特的山石和花草树木为背景,形成了富有山野情趣的自然景观,使牡丹、芍药更易映入游人眼帘,观赏效果甚好。

芍药也是花带(图2-5)和花境的良好材料,在公园或庭园园路两侧,常以芍药布置花带,以不同品种相配,构成暮春至初夏观赏的主要季相景观。例如洛阳市内的中州大道的分车带上,将牡丹与芍药间种,并与雪松、紫薇、凤尾兰、月季等配置在一起,营造出三季有花、四季常绿的效果。黄河中下游一带,从4月中旬到5月繁花不断,同时配雪松(或圆柏)、蜀葵、紫薇、月季、凤尾兰等,其他季节也有花可赏,即使冬季尚有雪松、凤尾兰和大叶黄杨(绿篱)保持绿色,亦使人不感枯燥。牡丹、芍药花大色艳,先后开放,可将暮春、初夏的花境装点得花团锦簇、妩媚多姿,成为一年中最漂亮的季相景观之一。花境用的芍药宜选株型圆整、开花多、花梗坚挺而低矮、花朵向上开放的品种。

图 2-5　芍药花带

芍药也可进行散植、孤植、丛植或群植,也可与葱兰、红花酢浆草、南天竹、十大功劳、黄刺梅、重瓣棣棠、西府海棠、玉兰、凤尾兰、紫荆、榆叶梅、猬实等搭配种植。适宜园林绿化的芍药品种有梨花映日、金奖红、冰照蓝玉、大红袍、彩云红、紫红魁、莲台、巧灵、盘托绒花、红云针、红霞、西施粉、粉妆园、玲珑玉、红毛菊、铁杆紫、海棠红、墨紫绣球、大红赤金、桃花飞雪、青山卧雪、胭脂点玉、红玛瑙、出水睡莲、英雄花、金针刺红绫、粉盘托金针、手扶银须、万寿红、仙鹤白、美菊、雏鹅展翅、火炼赤金、向阳奇花、红袍金带、苍龙、银线绣红袍、遍地红、朝阳红、夕霞映雪、丹凤、蓝花粉、美人面、红艳飞霜、墨玉双辉、雪原红星、紫凤朝阳、紫霞映雪、大叶粉、锦云红、粉玲红珠等。

(2)**切花**　一些芍药品种花瓣糖分含量高,酚类物质含量少,较耐储存,而且经过储存后,水养时返水快,花开持续时间长,因此这类芍药是很好的切花材料(图 2-6),已成为鲜花市场上的佼佼者。芍药切花不仅受到我国人民的喜爱,而且也受到世界各国人民的青睐,其销量和影响与日俱增。目前,芍药切花在美国、荷兰、意大利、以色列、日本应用较多,且消费呈现不断上升趋势。随着我国经济社会发展及人民对切花多样形式的需求,芍药切花的发展潜力巨大。

图 2-6　切花

用来作切花的芍药一般选取植株高大、茎秆硬直、花色鲜艳、花形秀美、花瓣质硬、成花率高、花期较长、抗性强、耐储藏、水养期长的品种。另外,切花品种的选择,还需注意花色、花期的搭配,每个品种应有一定的栽培面积,以保证切花市场的连续供应,并可利用各地花期的差异分别建立切花生产基地,发展设施栽培,解决切花周年供应问题。适合作切花的芍药品种有:白色的杨妃出浴、雪峰、雪原红星、雪山紫玉,粉色的桃花飞雪、粉池金鱼、种生粉、短叶锦球、月照山河、少女妆,粉蓝色的晴雯、艳阳天、凌花晨浴,红色的红茶花、山河红、柳叶红、桃花遇霜、红艳争辉、鲁红、红艳争光、艳紫向阳、红峰,紫色的多叶紫、紫凤羽、凤头紫,墨紫色的珠光紫、乌龙集盛,黄色的黄金轮、月亮,复色的春晓、奇花露霜、绚丽多彩、佛光等。

2. 食用

芍药花瓣可食,可以做粥(图2-7)、做饼(图2-8),亦可做花茶(图2-9)。芍药粥清爽可口,香醇诱人,制作方法简便,美味可口,并且具有养血调经,治肝气不调、血气虚弱等奇效。清代德龄女士在《御香缥缈录》中曾叙述慈禧太后为了养颜益寿,特将芍药的花瓣与鸡蛋、面粉混合后用油炸成薄饼食用,其美味可口,功效颇佳。芍药花茶可以养阴清热,柔肝舒肝。

图2-7 芍药粥

图 2-8　芍药饼

图 2-9　芍药花茶

3. 油用

近年来,随着对资源利用的深入,牡丹籽油、芍药籽油的开发推广逐渐兴起。研究表明,牡丹籽油具有三高一低,即高产出、高出油、高品质、低成本的优良特性,而且其不饱和脂肪酸含量、人体必需脂肪酸含量、α-亚麻酸等含量显著优于常见食用油。自戚军超等报道牡丹籽油提取及成分分析以来,国内外已经在牡丹籽油提取、营养功能分析等方面做了大量深入研究,为牡丹籽油进入食品医药领域奠定了扎实的基础。由牡丹籽和芍药籽提取的植物油是中国特有的木本和草本坚果油,不饱和脂肪酸质量分数高达94.58%,尤其是α-亚麻酸质量分数超过40%,是橄榄油的140倍,被有关专家称为"植物油中的珍品"。在经过多年科学试验后,国家卫生部(现国家卫生健康委员会)于2011年3月22日正式发文(2011年第9号),批准牡丹籽油成为新资源食品,这标志着牡丹籽油市场规模化开发、推广的开始。芍药与牡丹生物学性状相似,亲缘关系相近,因此芍药籽油的开发与应用具有很大的市场潜力。

4. 药用

芍药在中药上被称为女科之花,并不是因为它的花美,而是因为它的根好,是著名的中药材,基于此所以称为芍"药"。芍药入药首载于《神农本草经》"生于岳川谷",以根供药用。研究表明,芍药根含芍药苷、牡丹酚、芍药花苷、苯甲酸等成分。芍药苷具有增加冠脉流量、改善心肌血流、扩张血管、对抗急性心肌缺血、抑制血小板聚集、镇静、镇痛、解痉、抗炎、抗溃疡等多种作用,尤其是在增强机体的免疫能力方面,有着较好的效果。芍药在中药中有"白、赤"之分。《本草纲目》中说:"白芍药益脾,能于中土泄木;赤芍药散邪,能行血中之滞。"白芍和赤芍都是芍药根制成的中药材,因产区不同或加工方法不同而有所区别,前者的主要产区为浙江东阳、四川中江、安徽亳州和山东菏泽等地;后者的主要产区为华北、东北、西南及陕西、河南。

白芍有养血、敛阴、柔肝、止痛等功能。主治肝阳不足引起的头晕、头痛、耳鸣、烦躁、胸胁疼痛、阴虚血热、盗汗、月经不调、行经腹痛及高血压等症。安徽医科大学药理研究所研究表明,白芍在镇静、治疗乙型肝炎、改善睡眠等方面的功效优于人参。

赤芍具有清热凉血、散瘀止痛、清泻肝火的功效,常应用于湿毒发斑、目赤肿痛、肝郁胁通、经闭痛经、跌扑损伤等症。现代药理研究表明赤芍在临床治疗心血管系统疾病、神经系统疾病等方面具有显著的疗效,另外还有抗肿瘤、抑制胃酸分泌、抗脓毒血症等活性。

芍药组中大部分种的根亦可药用,主要栽培种为中国芍药(*P. lactiflora*)中的药用芍药。在安徽亳州,药用芍药有4种农家品种,即线条白芍、蒲棒白芍、鸡爪白芍、麻茬白芍,其中,以线条白芍品质最好,蒲棒白芍次之。在培育观赏品种的同时,也应重点发展药用、观赏两用品种。

5. 文化价值

芍药天生丽质,雍容华贵,兼具色、香、韵之美,是我国传统名花之一,可与牡丹媲美,素有牡丹为王、芍药为相的说法,在我国文学史上占有重要位置。从历史地位来看,芍药起源于上古时期,距今已经有4 000多年历史。古人形容美女还有"立如芍药,坐如牡丹"的句子,可见芍药在人们心中有着非常重要的地位。芍药自古就是中国的爱情之花,被当作中国的情花。上巳节的习俗和《诗经》中"赠之以芍药"的情歌,都显示出古人对芍药的喜爱,以芍药传情的吟唱一直沿袭到汉唐明清。古代男女交往,以芍药相赠,表达结情之约或惜别之意,故又称"将离草"。在中国的艺术绘画史中,芍药的艺术精品丰富多彩。著名画家周昉留下的《簪花仕女图》(图2-10)以宫廷妇女闲逸生活的片段为题材,极富生活情趣,画中多处出现牡丹、芍药,从侧面表现了牡丹、芍药在宫廷生活中的影响。比较著名的芍药绘画题材还有光绪皇帝御笔《芍药图》和著名油画大师张秋海的《张秋海芍药图》(图2-11)。在唐代的金银器、铜镜、玉器、瓷器、织锦、绢画等物品上,花卉种类出现最多的莫过于牡丹、芍药、菊花等。宋代衣物除丝绫织物刺绣图案外,印金彩绘花边也是一大特色,其印金花纹用的就是牡丹、芍药、荷花、芙蓉等十余种花卉。

图2-10 簪花仕女图

图2-11 张秋海芍药图

在诗歌上,芍药自古就是诗人的最佳赞美对象之一。唐代韩愈的《芍药》:"浩态狂香昔未逢,红灯烁烁绿盘龙。觉来独对情惊恐,身在仙宫第几重。"惟妙惟肖地描写了芍药花枝招展、飘摇如仙的丽姿和浓郁扑鼻、令人惊奇的花香。杜牧在《旧游》写道:"闲吟芍药诗,怅望久颦眉。盼盼回眸远,纤衫整髻迟。重寻春昼梦,笑把浅花枝。小市长陵住,非郎谁得知。"明代袁宏道在《惠安伯园亭看芍药开至数十万聊述数绝以纪其盛兼赠主人》中赞芍药:"看罢南徐紫锦埋,红亭碧股又催开。旋心缬子纷难识,唤取维扬旧谱来。"记述了芍药千姿百态、如锦如缎、终难识别,不得不求助谱记的真实情况。清代龚自珍曾赋诗忆京师芍药:"可惜天南无此花,丽情还比牡丹奢。难忘西掖归来早,赠与妆台满镜霞。"可以说芍药种植史随着中国的政治变迁,几代欢喜、几代哀愁,为后世留下诸多璀璨的优秀诗歌。

三、芍药的形态特征与生物学特性

（一）芍药的形态特征

1. 根（图3-1）

芍药为宿根草本，地下部分是粗壮的肉质根，呈圆柱形、长柱形或纺锤形，由三部分组成，分别为根颈、块根和须根。依品种不同，有浅黄、褐色和紫灰色。芍药根颈在根的最上部，颜色较深，着生有芽。块根由根颈下方生出，肉质，粗壮，外表浅褐色或紫灰色，内部白色，富有营养。块根一般不直接生芽，断裂后可萌生新芽。须根主要从块根上长出，是吸收水分和养料的主要器官，并可逐渐演化成块根。芍药的根按外观形状又可分为3种类型：粗根型、坡根型、匀根型。粗根型，根较稀疏，粗大直伸；坡根型，根向四周伸展，粗细不匀；匀根型，根条疏密适宜，粗细均匀等。由于芍药的根为肉质根，维管形成纺锤状原始细胞产生衍生细胞，不能像其他植物中那样正常分化形成次生木质部的导管、管胞，纤维或者韧皮部的筛管和伴胞，而是发育为一种薄壁细胞，其内充满了淀粉粒等储物质，射线原始细胞的衍生细胞形成了明显的维管射线，含较浓的胞质，储物质较少。这样其木质部与韧皮部都主要由射线细胞和薄壁细胞组成。芍药根的储藏部位主要是木质部，传统中药中的"白芍"是将芍药根切片药用，而"丹皮"则为牡丹的"根皮"。

图3-1 芍药的根

2. 茎（图3-2）

芍药的茎都是草质的，由根部簇生，基部圆柱形，上端多棱角，有的扭曲，有的直伸，向阳部分多呈紫红晕，不分枝，不生芽，只长叶子。芍药茎的长度决定芍药的株丛高度，据此可将芍药健壮植株分为3类：高型（株丛高度大于110厘米）、中型（株丛高度在60~110厘米）、矮型（株丛高度小于60厘米）。

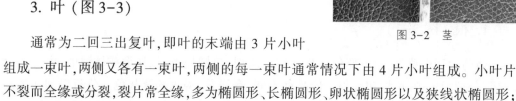

图3-2 茎

3. 叶（图3-3）

通常为二回三出复叶，即叶的末端由3片小叶组成一束叶，两侧又各有一束叶，两侧的每一束叶通常情况下由4片小叶组成。小叶片不裂而全缘或分裂，裂片常全缘，多为椭圆形、长椭圆形、卵状椭圆形以及狭线状椭圆形；边缘具骨质细锯齿，波状或稍有缺刻。叶长20~24厘米，叶面黄绿色、绿色和深绿色等，叶背多粉绿色，有毛或无毛。

依据复叶的大小分为3类：大型复叶（总长30厘米左右，总宽25厘米左右）、中型复叶（总长25~30厘米，总宽15~25厘米）、小型复叶（总长15~24厘米，总宽10~14厘米）。芍药的叶也具有观赏价值，"红灯烁烁绿盘龙"中"绿盘龙"就是对叶的赞美，因此芍药也可作为观叶植物。

图3-3 芍药叶子

4. 花（图3-4）

一般单独着生于茎的顶端或近顶端叶腋处，也有一些稀有品种，是2花或3花并出的。花径 8~11 厘米,苞片 2~6,披针形,叶状,大小不等,宿存;萼片 3~5,宽卵形,大小不等;花瓣 5~13(园艺品种多为重瓣),倒卵形;雄蕊多数,离心发育,花丝狭线形,花药黄色,纵裂;花盘杯状或盘状,革质或肉质,完全包裹或半包裹心皮或仅包心皮基部;心皮多为 2~3,稀有 4~6 或更多,离生,有毛或无毛,向上逐渐收缩成极短的花柱,柱头扁平,向外反卷,胚珠多数,沿心皮腹缝线排成 2 列。芍药的花瓣由单瓣到半重瓣、重瓣,花型由单瓣型至多花叠合而成的台阁花型,流光溢彩,争奇斗艳。为了指导品种选育的发展方向,服务于商品化生产的需要,将芍药品种按组成花型的花朵数目的不同,分为单花类和

台阁花类。由 1 朵花中花瓣自然增加和雄蕊瓣化而形成的各种花型均归为单花类,而由两朵或两朵以上的花上下重叠所形成的各花型均归为台阁花类。园艺品种花色丰富,有白、粉、红、紫、黄、绿、黑和复色八大色系,每一色系又有不同变化,如红色系就有桃红、粉红、洋红、橘红、玫红、绯红等花色。其花期为 5~6 月。

图 3-4　芍药花

5. 果实(图 3-5)

　　蓇葖果,呈纺锤形、椭圆形、瓶形等;光滑或有细茸毛,有小突尖。果实成熟时沿心皮的腹缝线开裂,内含种子 5~7 粒,黑色或深褐色,呈圆形、长圆形或尖圆形,光滑无毛,具有药用价值。

图 3-5　芍药果实

（二）芍药的生物学特性

1. 生长周期

芍药和牡丹一样，也有生命周期和年周期的变化，从种子萌芽直至死亡，经历生长、开花、结果、衰老、死亡等生命过程。芍药的实生苗约4年开花，开花前为幼年期，播种出苗后第一年，幼苗生长较慢，根长8~10厘米，根上部较粗，直径0.4~0.5厘米；第二年春天，植株高达7~8厘米，生长较好的植株可达15~29厘米，株幅30厘米左右；第三年春天，有少数植株即可开花，株高15~60厘米，仅一主根发达，株幅30~40厘米；第四年植株皆可开花。进入成年期后，生长旺盛，开花繁茂，处于最佳观赏期。只要环境适宜，芍药的成年期可以持续二三十年，然后进入衰老期；之后可重新分株，再次复壮。

芍药的年生长周期，也称小发育周期，是指芍药在一年当中，随着季节气候的变化，产生的阶段性发育变化，主要是生长期和休眠期的交替变化。只有经过一定的低温休眠期后，才能解除休眠，开始萌芽生长，早春萌芽、展叶，晚春开花，夏季开始进行花芽分化，秋末落叶或枯茎而休眠。其中休眠期的春化阶段和生长期的光照时长最为关键。芍药的春化阶段，需在0℃左右的低温40天才能萌动生长。花芽萌发后，要在长日照条件下发育开花，若光照不足或在短日照下，则常不开花或表现出开花异常。

2. 生长发育特性

（1）**芍药的花芽**（图3-6）　芍药的花芽为混合芽，属地下芽类型。花芽萌发后伸出地面既抽枝长叶，又展蕾开花。和牡丹一样，如将该花芽称为母代花芽，那么在它的芽鳞及叶原基腋内产生的芽原基就是子代芽的原始体（腋芽原基）。叶原基腋内的腋芽原基不产生芽鳞而形成裸芽；芽鳞腋内的芽原基产生芽鳞，形成鳞芽。前者生命周期为2年，后者则为3年。子代裸芽翌春随母代芽的节间伸长而露出地面，形成主干上的分枝或花枝；芍药子代鳞芽不露出地面，待地上部分枝叶枯死后，位于最上端的子代鳞芽就成了"顶芽"。芍药的芽鳞痕在地表下面，每年萌发的芽都是芽鳞腋内的芽；和牡丹一样，这些芽鳞原基也需3个年周

图3-6　芍药的花芽

期才能开花结果。

（2）**芍药花芽分化过程**（图3-7）　芍药花芽的分化过程与牡丹基本相同，但在时间进程上滞后于牡丹。花芽分化过程顺序依次为花原基→苞片原基→萼片原基→花瓣原基→雄蕊原基→雌蕊原基。但不同种和不同品种间各个花器官的分化物候期不相同。根据对山东菏泽芍药的观察，腋芽原基在上年7月出现后，其顶端生长点由外向内逐渐产生芽鳞原基，到翌年5月已形成4个芽包被生长点，6月下旬芽分化完成。之后，顶端生长点开始产生叶原基。叶原基有多个指状突起，而芽鳞原基仅有

图3-7　芍药花芽分化过程

1~3个。叶原基分化从7月上旬到9月上旬结束。这时，如营养条件及开花激素适宜，芽原基生长点发生质变，转入花芽分化阶段，否则只能形成叶芽。苞片原基的产生标志着芽的发育已进入花器官建成阶段，由营养生长转为生殖生长。从9月上旬到9月下旬，苞片原基形成结束。9月下旬到10月中旬花萼原基形成。之后，10月15日至11月25日顶端生长点逐渐平展、扩大、下凹形成浅杯状的花托盘，其边缘产生花瓣原基，呈同心圆层层交错增加，外轮较大，内轮较少。大多数品种花瓣原基结束的时间是翌年3月中上旬。之后，在花托盘内产生稠密的颗粒状突起，呈同心圆排列，即为雄蕊原基。稍晚几天，雌蕊原基也在花托盘中心出现，同时产生5个圆形突起。多数品种的雄雌蕊原基在第三个年周期的早春产生。随花芽生长、节部伸长而逐渐出地面，这时，雄、雌蕊原基也随之伸长呈圆柱状，靠近中心的生长最快，并高出周围雄蕊原基。在未伸长前，无论单花还是重瓣花，其雄蕊原基的形状大小几无区别。随着雄蕊原基伸长而开始分化，雌蕊原基也开始发育形成微凹的腹缝线。圆柱形的雄蕊原基如不分化，则上部分化成花药、下部形成花丝。当二者能明显区分时，花粉母细胞开始减数分裂。当花丝、花药长度接近相等时，已是花粉粒单核时期。到这时，花蕾已形成，含苞欲放。芍药花期短者为3~5天，长者7~10天，群体花期都在20~30天。

（3）**芍药种子**（图3-8）　芍药种子同牡丹种子一样，也有上胚轴休眠现象，即播种后种子内的上胚轴必须经过一定的低温期（自然低温或人工低温）后才能被打破休眠，向上萌芽出土，否则只是下胚轴向下生长形成根系，而上胚轴不向上伸长出土。

图 3-8　芍药种子

3. 生态习性

中国芍药栽培分布广泛,其分布区地跨中亚热带、北亚热带、暖温带、中温带及寒温带。芍药耐寒性极强,有些品种在黑龙江北部嫩江一带也能生长(生长期仅120天,绝对低温-46.5℃);但有些品种也较耐热,喜阳光充足,亦稍耐半阴。宜稍湿润环境,亦耐干旱。畏涝,积水会导致烂根,不过芍药对土壤湿度的忍耐力比牡丹强。深根性,适应于土层深厚、肥沃、排水良好的中性或微碱性沙质壤土。

(1)**温度**　芍药是典型的温带植物,喜阴耐寒,有较宽的生态适应幅度。在中国北方地区可以露地栽培,耐寒性较强,在黑龙江省北部极端最低温度为-46.5℃的条件下,仍能正常生长开花,露地越冬。夏天适宜凉爽气候,但也颇为耐热,如在安徽亳州的夏季极端最高温度可达42.1℃,也可以安全越夏。

(2)**光照**　芍药对光照的需求与牡丹不同,其生长要求光照充足,是长日照植物。芍药开花期间,通过适当降低温度,增加湿度,避免强烈日光灼伤,可延长观赏期。在轻阴下虽可正常发育,若日照时间短于8小时,则会导致花蕾发育迟缓,叶片生长加快,开花不良,甚至不会开花。

(3)**水分**　芍药喜欢较为干燥的环境。因为芍药的根是肉质根,特别不耐水涝,土壤含水量高,排水不畅,容易引起烂根。低湿地区不适宜大面积种植芍药。

(4)**土壤**　芍药是深根性植物,又是粗壮的肉质根,所以要求土层深厚,特别适宜疏松而排水良好的沙质土壤,在黏土中生长较差。芍药栽培需注意土壤含氮量不能过高,防止枝叶徒长,生长期可适当增施磷钾肥,以促使枝叶苗壮生长。芍药忌连作,连作会造成病虫害严重、产量和质量下降,甚至导致大面积死亡。

4. 物候期

以我国黄河中下游地区为例,中原芍药品种群大体在3月上旬至3月中旬开始萌动,4月上旬至4月中旬抽花蕾、展叶,5月上旬至5月中旬开花,6月下旬至7月上旬开始花芽的分化,8月中下旬果实成熟。

四、芍药分类及品种介绍

（一）芍药分类

我国被认为是芍药属植物的自然分布中心和多样性中心，也是芍药栽培种的起源和演化中心。通常直称为芍药的，是近代芍药品种群的主要原种。中国芍药品种很多，在晋代已有重瓣品种出现。关于芍药品种的分类，则始于宋代，如宋代刘攽《芍药谱》记载31种，王观《扬州芍药谱》记有34种。明代《群芳谱》记载芍药39种。到了清代乾隆时，扬州芍药品种达100个以上，有杨妃吐艳、铁线紫、观音面、冰容、金玉交辉、莲香白、胭脂点玉、紫金观等。现在芍药的栽培品种已发展到千种以上。芍药的分类方法有多种，可根据花色、花型、花期、应用类型等进行不同品种间的分类。

1. 野生资源分类

芍药属芍药组（Sect. Paeonia）约30个种，主要分布在亚欧大陆温带地区，美洲也有少数种类分布。我国有8个种，多个变种，介绍如下：

（1）**窄叶芍药**（*Paeonia anomala*）　主要分布在我国新疆西北部阿尔泰及天山山区。生长在海拔1 200~2 000米的针叶林下或阴湿山坡。在欧洲东部、西伯利亚及中亚地区、蒙古也有分布。

多年生草本。块根纺锤形或近球形，直径1.2~3厘米。茎高50~70厘米，无毛。叶为一至二回三出复叶，叶片轮廓宽卵形，长9~17厘米，宽8~18厘米；小叶成羽状分裂，裂片线状披针形至披针形，长6~16厘米，宽3~8毫米，稀有1厘米以上，顶端渐尖，全缘，表面绿色，背面淡绿色，两面均无毛；叶柄长1.5~9厘米。花单生茎顶，直径5.5~7厘米；苞片3，披针形至线状披针形，长4~10厘米，宽0.3~1.5厘米；萼片3，宽卵形，长1.5~2.5厘米，带红色，顶端具尖头；花瓣约9，紫红色，长圆形，长3.5~4厘米，宽1.2~2厘米，顶部啮蚀状；花丝长4~5毫米，花药长圆形；花盘发育不明显；心皮2~3，幼时被疏毛或无毛。蓇葖果无毛；种子黑色。花期5~6月，果期8月。

（2）**多花芍药**（*Paeonia emodi*）　主要分布在我国西藏南部（吉隆），生长在海拔2 350米左右的山坡。

茎高50~70厘米，无毛。外形与白花芍药相似，但本种心皮密生淡黄色糙伏毛，盛开

1~4 朵花,成熟时果皮不反卷。

本种茎下部为二回三出羽状复叶,上部叶片有较深的分裂,裂片狭长圆形或长圆状披针形。花 3~4 朵生于茎顶或叶腋,但有时仅顶端一朵开放。花白色,心皮 2,密生淡黄色糙伏毛。蓇葖果亦密生淡黄色糙伏毛。

(3)**芍药**(Paeonia lactiflora) 分布于我国东北、华北及甘肃南部,在东北分布于海拔 480~700 米的山坡草地及林下。在其他各省多分布于海拔 1 000~2 300 米的山坡草地上,是亚洲特有的种,分布也最广,朝鲜、日本、蒙古及西伯利亚都有分布。

根粗壮,茎高 40~70 厘米,下部叶为二回三出羽状复叶,上部为三出复叶,叶边缘具白色骨质细齿,背面沿叶脉疏生短柔毛。花朵生于茎顶和叶,有时仅顶端一朵开放,花白色,花丝黄色,花盘浅杯状,包要心皮基部,顶端裂片钝圆,心皮 4~5 或 2~4,无毛。花期 5~6 月。

该种有一个变种为毛芍药,其心皮与蓇葖果密生柔毛,是与原生种最重要的区别。

(4)**美丽芍药**(Paeonia mairei) 该种见于我国云南东北部(巧家)、贵州西部(毕节)、四川中南部、陕西和甘肃南部。生长在海拔 1 500~2 700 米的山坡林缘阴湿处。在横贯陕甘的秦岭山地,南北坡均有,南坡见于陕西的宁陕、佛坪、凤县,甘肃武都;北坡有陕西的周至、户县、眉县,甘肃天水(党川、百花、太碌),生长在海拔 1 000~2 020 米的山坡林下。另外,四川汶川卧龙自然保护区塘坞北坡,海拔 1 860 米落叶林下亦有分布。

茎高 50~100 厘米,无毛。二回三出复叶,叶片长 15~23 厘米;顶小叶长圆状卵形至长圆状倒卵形,长 11~16 厘米。花单生茎顶,花径 6.5~12 厘米;苞片线状披针形,较花瓣长;萼片宽卵形,绿色,花瓣 7~9,红色,顶端圆形;花盘浅杯状,包住心皮基部;心皮 2~3,密生黄褐色短毛;花柱短,柱头外弯,干时紫红色。花期 4~5 月,果期 6~8 月。

(5)**草芍药**(Paeonia obovata) 草芍药分布于我国四川东南部、贵州(遵义)、湖南西部、江西(庐山)、浙江(天目山)、安徽、湖北、河南西北部、陕西南部、宁夏南部及山西、河北、辽宁、吉林等地。生长于海拔 800~2 000 米的山坡草地及林缘。朝鲜、日本及俄罗斯远东地区也有分布。

其小叶阔卵形,全缘,单花顶生,白色、红色或紫色,花丝淡红色,蓇葖果成熟时果皮反卷,呈红色。花期 5~6 月。

草芍药的变种为毛叶芍药,与本种区别在于叶背密生长柔毛或茸毛。花白色。

(6)**新疆芍药**(Paeonia sinjiangensis) 新疆芍药主要分布在新疆北部阿尔泰山区。生长在海拔 1 200~1 850 米的针叶林下。

主根垂直,多分枝,直径 0.3~1.5 厘米。茎高 40~80 厘米,基部有几枚鞘状片。一至二回三出复叶,叶片轮廓宽卵形;小叶成羽状分裂;裂片披针形至线状披针形,顶端渐尖,全缘。花单生茎顶,花径 5~9 厘米;苞片 3~5,线形至披针形;萼片 5,淡绿,有时带红色,萼片顶端具尾状尖;花瓣 9,红色,倒卵形;心皮 4~5,少有 2~3,无毛;果卵形,无毛;种子黑色。花期 6~7 月,果期 7~8 月。

(7) **白花芍药**(*Paeonia sterniana*)　该种分布于我国西藏东南部的波密,生长于海拔 2 800~3 500 米的山坡林下。

茎高 50~90 厘米,无毛。下部为二回三出复叶;上部叶 3 深裂至近全裂;顶生小叶 3 裂至中部或 2/3 处,侧生小叶不等 2 裂,小叶或裂片狭长圆形至披针形,顶端渐尖,基部楔形而下延,全缘,表面深绿色,背面淡绿色,两面均无毛。通常花只开一朵,上部叶腋处有发育不全的花芽;花径 8~9 厘米;苞片 3~4,叶状;萼片 4,卵形。花瓣白色,倒卵形。心皮 3~4,无毛。蓇葖果成熟时鲜红色,果皮反卷,无毛。

(8) **川赤芍**(*Paeonia veitchii*)　川赤芍分布于我国西藏东部、四川西部、青海东部、甘肃及陕西南部,在横贯陕甘的秦岭南北坡均产。在四川生长在海拔 2 550~3 700 米的山坡林下草丛中及路旁,在其他地区生长在海拔 1 800~2 800 米的山坡疏林中。此外,在云南高黎贡山也有分布。

根为圆柱形,直径 1.5~2.0 厘米。茎高 30~80 厘米,无毛。二回三出复叶,叶片轮廓宽卵形,小叶成羽状分裂,裂片披针形,顶端渐尖,全缘,表面深绿色,沿叶脉疏生短柔毛,背面淡绿色,无毛。花 2~4,生于茎顶及叶腋,有时仅顶端一朵开放;花径 4.2~10 厘米;苞片 2~3,披针形;萼片 4;花瓣 6~9,倒卵形,紫红至粉红色;花盘肉质,仅包心皮基部;心皮 2~3,密生黄色茸毛。花期 5~6 月,果期 7 月。

本种可作观赏,亦可作药用。根含淀粉,称为"赤芍",太白山也称"红芍",有活血通经、凉血散瘀、清热解毒之效。

本种有 3 个变种,分别为毛赤芍、光果赤芍和单花赤芍。

2. 花色

(1) **白色系**　美辉、雪原金辉、沙白、冰青、青山卧雪、白玉莲等。

(2) **黄色系**　黄金轮、金带围、黄鹤羽、黄金丝、金碧生辉等。

(3) **粉色系**　高杆粉、西施粉、初开藕荷、粉凌红花、粉面桃花等。

(4) **粉蓝色系**　湖水荡霞、晴空万里、雨后风光、艳阳天、蓝天飘香等。

(5) **红色系**　大富贵、朱砂判、大红袍、向阳添紫、紫羽、红光夺目等。

(6) **紫色系**　紫绣球、乌龙探春、墨紫楼、玫瑰紫、紫艳争辉、茄紫争辉等。

(7) **黑色系**　老来红、黑海波涛、墨玉、墨子绣球、向阳添艳、墨点金等。

(8) **复色系**　雁项、红凤换羽、胭脂点玉、五花龙玉、春晓、蝶恋花等。

3. 花型

(1) **单瓣型**　一般单瓣型芍药的花瓣 2~3 轮,椭圆形或长椭圆形,共有 5~15 枚花瓣,有发育正常的雄蕊和雌蕊,如粉玉奴、粉绒莲、紫碟献金等。

（2）**千层类**　花瓣多轮,层层排列渐变小,内外花瓣差异较小,雄蕊生于雌蕊的周围,雌蕊正常或瓣化,全花扁平。又细分为以下花型:

荷花型。花瓣4~5轮,瓣形宽大,雄蕊瓣化形成碎瓣、雌蕊正常,如红荷花、乌龙捧盛、大叶粉等。

菊花型。花瓣6轮以上,自外向内渐小,雄蕊数目渐减,雌蕊通常退化变小,有2~10枚,不稳定,如红云映日、向阳红等。

蔷薇型。花瓣极度增多,向外向内变小,雌蕊、雄蕊多消失,如白渔冰、大富贵、沙白、冠群芳、杨妃出浴等。

（3）**楼子类**　有显著的外瓣,通常为1~3轮,雄蕊有部分瓣化,或渐变成完全花瓣,雌蕊正常或部分瓣化,花型扁平或逐渐高起。又细分为以下花型:

金蕊型。外瓣明显,花药增大,但仍具有花药外形,呈鲜明的金黄色,花丝加粗。我国青岛及日本有此类品种。

托桂型。外瓣2~3轮,雄蕊变成狭长的花瓣,雄蕊瓣化瓣,群体整齐隆起,雌蕊多正常,如紫凤羽、莲台、美菊、玉兰金花等。

金环型。外瓣明显,雄蕊瓣化仅限于花心部分者,在雄蕊瓣化瓣外围,仍残留一环正常雌蕊,如雪盖黄沙、赵园粉、紫袍金带等。

皇冠型。雄蕊多数瓣化,花心部分高出,在瓣化瓣中,常挟有完全雄蕊及不同瓣化程度的瓣化雄蕊,雌蕊正常或部分瓣化,外瓣明显,如西施粉、沙金冠顶、冰青、墨紫楼等。

绣球型。雄蕊瓣化,长度与外瓣近等长;雌蕊、雄蕊全部瓣化,或在瓣化瓣与外瓣之间仍残留完全雄蕊,或散生于瓣化瓣之间。如平顶红、山河红、紫绣球、花红重楼等。

（4）**台阁类**　全花可区分为上方、下方两花,在两花之间可见到明显着色的瓣化雌蕊或退化的雌蕊,有时也出现完全的雄蕊或退化雄蕊。又细分为以下花型:

彩瓣台阁型。一般为两种颜色的花瓣,中间颜色浅,下方的花瓣颜色更加艳丽,如五花龙玉、黄金轮等。

千层台阁型。花瓣排列具有千层类花型特征,内、外瓣差异较小,全花可区分出上方花和下方花,两花之间可见到雌蕊瓣化瓣或退化雌蕊,如高杆粉、雪原红星等。

楼子台阁型。花瓣排列具有楼子花型特征,全花可区分出上方花和下方花,外瓣与内瓣有显著差别,在两花之间可见到明显着色的瓣化雌蕊;内瓣排列层次鲜明,如胭脂点玉、西施粉等。

分层台阁型。下方花雌蕊瓣化变得与正常花瓣无异,但中心的瓣化雄蕊会比正常的花瓣要小。全花有明显的分层结构,如大红袍、紫雁飞霜等。

球花台阁型。下方有雄蕊瓣化伸长,雌蕊也变成花瓣,整个花形看上去比较丰满。

4. 花期

（1）**早花类**　在中原地区的花期4月10~18日,如粉绒莲、墨紫楼、朱砂判、砚池漾波、翡玉等。

（2）**中花类**　在中原地区的花期为 4 月 18~25 日,如赵园粉、莲台、大富贵、奇花露霜、粉池金鱼等。

（3）**晚花类**　在中原地区的花期为 4 月 25~30 日,如冰青、黄金轮、金带围、出水睡莲、鹤落粉池等。

5. 应用类型

（1）**园林绿化**　该类型是芍药栽培应用的主要形式,在我国已有 4 000 多年的栽培历史,其花色、花型、花期等品种类型非常丰富,对我国芍药文化的发展起到了重要作用。

（2）**切花芍药**　虽然芍药在我国的栽培历史已经有 4 000 多年,但是作为切花应用还处于初始阶段,目前尚没有形成完善的切花生产技术体系。切花芍药根据花口开放的形态可分为松瓣型和绽口型,品种选择的标准有:株高（40~60 厘米）、花茎（粗壮、挺拔）、花蕾形状（洁净美观,以圆形花蕾、椭圆形花蕾和扁圆形花蕾为主）、耐储藏保鲜、花瓣质地（硬厚）、花型（不宜太大,如千层台阁型）。

当前应用的芍药品种还相对单一,花期比较集中,晚花品种少,花期相对短;花色上还缺乏纯正的蓝、红、绿、黑等品种,黄色品种的应用也很少,且花色纯度不够高。芍药切花品种的应用目前还处于筛选阶段,与庭院芍药混合应用,没有形成市场优势非常明显的品种。这是当前芍药切花产业发展的瓶颈问题。

当前应用的一些芍药切花品种主要有:早花品种有粉凌红花、湖水荡霞、朝阳红;中花品种有大富贵、雪山紫玉、玫瑰红、红绣球、红茶花、玉兰金花、红富士、红艳争辉等;晚花品种有桃花飞雪、种生粉、高杆红、杨妃出浴、班克海尔等。

（3）**药用芍药**　芍药的药用栽培历史始见于《神农本草经》,在中医临床上分为赤芍与白芍,药用部位为芍药的根。其中白芍来源于芍药,赤芍来源于芍药或川赤芍。通常认为白芍为栽培品种,而赤芍为野生品种。在栽培区域上,药用芍药主要位于安徽亳州、浙江磐安、四川中江和山东菏泽;因此其根据地域特性,药材分别习称亳白芍、杭白芍、川白芍和菏泽白芍。根据形态分类,我国药用芍药的品种群可细分为 6 个,分别为白花杭芍药（白色花、胚珠正常发育）、红花杭芍药（红色花、胚珠正常发育,种子数量较少）、菏泽芍药（红色花、胚珠正常发育,种子数量较多）、红花川芍药（红色花、雄蕊瓣化、胚珠不育）、白花川芍药（红色花、雄蕊瓣化、胚珠不育）及亳州芍药（红色花、雄蕊无瓣化、胚珠不育）。

6. 伊藤芍药

牡丹与芍药是芍药属两个类群,组间杂交在很长一段时间内被认为是不能实现的梦想。1948 年,日本人伊藤（Toichi Itoh）利用芍药品种花香殿（Kakoden）作为母本,牡丹品种金晃（Alice Harding）作为父本,进行远缘杂交获得成功,最终获得 6 株真正的组间杂种。1974 年,Smirnow 将其中最优秀的 4 种带至美国进行品种登录（James,2003;Smith,

1995），这一新类群的问世轰动一时，之后不断有人效仿伊藤的方法，培育出新优的组间杂种。美国牡丹芍药协会为表彰伊藤的突出贡献，将这一新的类群命名为伊藤杂种群（Itoh hybrids），我们习惯将其称为伊藤芍药。伊藤芍药优势明显，具有生长势强、株形优美、花朵类似牡丹、抗寒抗病、花色花型丰富、花期长等优点（Simth，1998，2000）。该类群也被认为是牡丹芍药育种的发展趋势。

通过众多育种家的不断努力，伊藤芍药的概念也在不断扩大，除了以中国芍药品种群的芍药作母本，牡丹亚组间杂交种作父本的后代外，也出现了芍药作母本，其他牡丹作父本（滇牡丹和紫斑牡丹栽培品种等）的后代；伴随花粉保存技术的提升，以牡丹作母本（牡丹亚组间杂交种和传统栽培牡丹等），中国芍药品种群的芍药作父本的杂交后代也出现了，这些类型的后代现都归入伊藤芍药品种群当中。

经过半个多世纪芍药育种人的不断努力，不断有伊藤芍药新品种涌现，迄今已有一百多个品种进行了国际登录。自从第一个伊藤芍药品种巴茨拉（Bartzella）引入中国以来，伊藤芍药就在国内广受追捧，且价格居高不下，这也刺激了种苗商大量引入伊藤芍药；同时国内育种家也在积极探索，培育自育伊藤芍药新品种。

（二）常见品种介绍

1. 大富贵（图4-1）

株高0.8米左右，小叶肥大、卵圆形，叶多而紧凑。萌发力强，成花率高，侧蕾多，花期长。中花品种。花桃红色，花型蔷薇型或蔷薇台阁型。花梗粗硬，花径约12厘米，花下30厘米处茎秆直径约7毫米，花直立；下方外瓣倒卵形，内瓣较长小，雄蕊少量正常，雌蕊瓣化为花瓣；上方花雄蕊正常，雌蕊柱头极小。子房5，浅黄色，柱头白色。适宜庭院栽培及切花栽培。

图4-1　大富贵

2. 金科状元(图4-2)

叶片为二回三出羽状复叶、革质,叶面深绿色,有光泽,叶背浅绿色。枝条光滑,幼枝紫红色,老枝淡红色并有紫色斑点。花紫红色,花朵单生于枝顶,花型金环型,花径约15厘米。雌蕊着生于花托上,4~5枚,柱头扁平、紫红色;雄蕊多,金黄色,着生于内层花瓣与外层花瓣正中部,将紫红色花朵分为上、下两部分。株型紧凑,抗病性强,耐高温、高湿能力强。适宜地栽,亦可盆栽。

图4-2　金科状元

3. 桃花飞雪(图4-3)

植株生长势强,株型圆整,株高0.9米左右,叶翠绿,叶背有疏毛。中偏晚花品种。有侧花,花期长。花色柔润,淡雅,连片种植壮观,花梗较粗,花粉色,直立,花型皇冠型。花径约13厘米,外瓣2轮,大而平,倒卵形稍向内卷,内瓣下层细小而短,中上层渐大直立,花瓣顶端有浅裂,盛开后,瓣外泛白,开花整齐。雌蕊正常,子房有毛,浅粉色,柱头浅粉色。适宜庭院栽培及切花栽培。

图 4-3 桃花飞雪

4. 奇花露霜(图 4-4)

株高约 70 厘米,生长势强,分枝力强,叶片大,多而紧凑。中花品种。花梗较粗,花直立或侧开,复色花,花型托桂型。花径约 14 厘米,外瓣 2 轮,为粉紫色大瓣,倒卵形,中部向上渐白,盛花期内瓣全白;内瓣为雄蕊瓣化的粉色针状瓣,内瓣偶有红色。适宜庭院栽培。

图 4-4 奇花露霜

5. 粉池金鱼(图4-5)

株高约90厘米,叶色深,大而稀疏。中花品种。花梗较粗,花径约15厘米,花直立,粉色,花型台阁型。下方花外瓣常红粉相间,雌蕊瓣化为红色花瓣,花内瓣不能完全展开,三四个红色花瓣围绕着粉色花心。适宜庭院栽培。

图4-5　粉池金鱼

6. 芙蓉金花(图4-6)

株高约98厘米,叶细长,多而密集。中偏早花品种。花梗细,直立。复色花,花型托桂型。花径约12厘米,外瓣2~3轮,粉红色,有浅紫色密集斑点;内为针状小瓣,基部发黄。花后期渐变为白色。子房3,柱头浅粉色。适宜庭院栽培。

图4-6　芙蓉金花

7. 巧玲(图4-7)

株高0.6米左右,叶深绿色,叶小,分布紧凑。中花品种。花量大,倒卵形,复色花,花型托桂型。花梗细,花径约13厘米,外瓣2轮,内瓣为雄蕊瓣化的黄色针状瓣。子房4,红棕色,有毛,柱头红色。适宜庭院栽培。

图4-7 巧玲

8. 杨妃出浴(图4-8)

株型紧凑,生长势强,萌芽少但大。株高70厘米,当年生枝硬、粗壮、直立。叶黄绿色,叶背面、枝外被茸毛。晚花品种,成花率高。花白色,少有红色斑点,花形端庄、整齐,花朵横径16厘米,纵径6厘米;花瓣多轮、质硬,雌蕊变小,花朵直立、硬挺,花朵直上,有侧蕾。根皮颜色深褐色,根质纤维多,粗而开杈多。适宜庭院栽培及切花栽培。

图4-8 杨妃出浴

9. 黄金轮(图 4-9)

株丛中高,茎软、斜伸。着叶稀疏,叶黄绿色。小叶长椭圆形或卵状椭圆形,边缘上卷,叶背被毛。花乳黄色,花型皇冠型或皇冠台阁型。外轮花瓣 2~3 轮,最外轮为黄绿相间的彩瓣,端齿裂。内轮花瓣疏松、不整齐,狭长内卷,瓣间残留有正常雄蕊,雌蕊退化。中花品种,为当前稀有的黄色品种。新芽、嫩叶、成熟叶片及茎均为不同深浅的黄绿色,尤其是早春新芽及嫩叶鲜艳夺目。可作庭院观赏或切花栽培。

图 4-9　黄金轮

10. 金带围(图 4-10)

茎粗壮挺拔,小叶长椭圆形,边缘稍内卷,叶面深绿色、有光泽。花色纯白,由菊花型或蔷薇型的两朵花上下重叠而成。下方花雄蕊多数膨大,加宽增长,呈金黄色,环绕着上方花,将上下两朵花截然分开,如围在花冠中部的金色腰带,故得此名。侧蕾多,且易成花,晚花品种。花期较长,若于荫蔽处种植,则花期会更长。生长旺盛,花繁叶茂,抗逆性强。庭院栽培和药用栽培俱佳。

图 4-10　金带围

11. 朱砂判(图4-11)

花紫红色,形小,花型托桂型或皇冠型。外瓣平展,内瓣疏松,瓣质软,易萎蔫,不耐日晒、雨淋。花梗长而微软。侧蕾虽小,但易成花。早花品种,花期短。生长旺盛,根粗短,产量高,是优良的中药材,也是秋季嫁接牡丹的良好砧木。

图4-11 朱砂判

12. 莲台(图4-12)

株丛中高、圆整。茎粗壮、分枝多。花复色,花型托桂型,偶有皇冠型。外瓣阔卵形,圆整平展,偶有齿裂或深裂,淡紫红色;内瓣圆,匙状或条形,基部狭长如管,椭圆形或长椭圆形,瓣端渐尖。花初开时橙黄色,盛开后转淡黄色。花梗较短,花朵稍高于叶面,侧蕾多且易成花,花期长。中花品种,偏早。生长旺盛、强健,花繁叶茂,病虫害少,抗逆性强。因花形端庄,内瓣排列整齐,形似莲台,故名,是老品种中的佳品。适用于庭院、街道美化及布置花境、花台等。

图4-12 莲台

13. 砚池漾波(图4-13)

花色深紫,花型托桂型。外瓣1~2轮,卵形,瓣缘光滑,圆整,花下层内细线状,端部平,有锯齿裂或丝裂,中上层花中等大小,宽而直立,边缘齿裂,花梗直上,中长。早花品种。

生长旺盛,花多叶茂,茎挺拔,病虫害少,开花整齐,花色不会随花朵凋谢而变化。适用于庭院美化。

图4-13 砚池漾波

14. 青山卧雪(图4-14)

株丛矮,茎粗壮,直立。叶色深绿,小叶长披针形,花冠白色,花型皇冠型。外瓣宽圆、较大,雄蕊瓣化为少量上绿下白的内彩瓣,绿白相映,更衬出花色纯白如雪,鲜洁可爱。中花品种,偏早。生长旺盛,侧蕾虽少,但着花仍较多,抗逆性及抗病虫害的能力较强。适于盆栽,也可群植、丛植观赏。

图4-14 青山卧雪

15. 翡玉(图4-15)

花纯白如玉,瓣上稍有红色丝瓣,如同翡玉,故名。花型单瓣型,花瓣3轮。雌雄蕊正常,雄蕊纯黄色紧簇,花期相对较长。花径11~13厘米,生长势中等,株高60厘米,叶深绿,茎粗壮。早花品种。花开直立,耐寒,开花观赏价值高。适宜庭院栽培。

图4-15 翡玉

16. 亳芍(图4-16)

株高60~70厘米,生长势旺盛,根系发达。花型单瓣型,花瓣3轮。雌雄蕊正常。花瓣长圆状,花径约12厘米,深粉色,花开直立。开花期早,花期长。属种子播种芍药,适宜连片种植和用于药材生产。

图4-16 亳芍

17. 玉娇翠(图4-17)

也称玉翠,属中花品种。生长势强,株高60~65厘米。叶片深绿,小叶长而微卷。茎紫红色,强硬。花浅粉色,半重瓣,花型荷花型。花瓣阔大,3~4轮,基部色深,越靠上颜色越趋浅粉至白色。瓣端缺裂明显,雄蕊完全成细丝状。花药较小,雌蕊萎缩,花径12厘米左右,开花直立。适宜切花栽培。

图4-17 玉娇翠

18. 紫碟献金(图4-18)

花紫红色,花型单瓣型,花瓣2轮,组成碟盘状,托一雄蕊金球,故名。雌蕊良好,柱头红色。花径10~11厘米,生长势较强,株高55~65厘米,叶翠绿繁茂。属早中期开花传统品种,适宜群植。

图4-18 紫碟献金

19. 天女散花(图4-19)

花型单瓣型,花粉红色偏紫。雄蕊完全形成黄色半球状。花梗细硬,开花直立,株高55~70厘米不等。该品种开花整齐,花期稍长,开花时万花点点,飘浮在绿云似的叶片上,如天女散花,故得此名。花径8~10厘米,属早花品种。适宜整体观赏,也可作切花栽培。

图4-19 天女散花

20. 五花龙玉(图4-20)

株丛矮小,叶深绿色,小叶倒卵形、光滑,两侧叶缘稍向上合。花白色,夹杂红、绿、粉色条纹,花型千层台阁型。下方花花瓣宽大,具明显红、绿相间的条纹。雌蕊瓣化成具红色、绿色或粉色条纹的狭长彩瓣。因花色洁白如玉,条条彩纹随瓣形反卷、曲皱而变化,如彩龙翻滚,遂得此名。属中花品种,偏晚。生长势中等,分枝虽少,但侧蕾亦能成花,故开花较多。因花梗较短,花朵略高出叶面,使株丛更显紧凑、圆整。宜作庭院美化,是珍贵的复色品种之一,也是极受欢迎的老品种。

图4-20 五花龙玉

21. 胭脂点玉(图4-21)

株丛较高,茎较长,粗壮而硬。小叶披针形,深绿色,光滑平展,花初开为粉白色,盛开后转为白色。上方花雌蕊瓣化成端部紫红、狭长而卷曲的彩瓣,点缀于白色雄蕊瓣化瓣中;下方花外具明显红色彩斑。中花品种。生长旺盛,着花繁茂,抗逆性强,病虫害少。其观赏价值极高,且适应性广。

图4-21 胭脂点玉

22. 红莲(图4-22)

属早期开花品种。花红紫色,半重瓣,花型荷花型,花瓣2~3轮。雌雄蕊完整。花径10厘米左右。生长势中等,株高55~60厘米,开花直立。适宜切花栽培和连片种植。

图4-22 红莲

23. 乌龙戏珠(图4-23)

株高0.8米左右。中花品种。花紫红色,花型单瓣型,花瓣质地较厚,花径约13厘米,雌雄蕊正常。柱头紫红色,花梗较硬,花直立。

图4-23 乌龙戏珠

24. 银红皱(图4-24)

株高0.8米左右。中花品种。花银红色,微紫,花型单瓣型。花径约15厘米,花瓣2轮,卵圆形,有均匀粉紫晕,雌雄蕊正常。子房4,有毛。柱头紫红色,雄蕊花丝白色,花朵直立。

图4-24 银红皱

25. 粉芙蓉(图4-25)

株高1米左右。多花品种,花径约15厘米,花瓣中部有紫晕。花浅粉色,花型单瓣型,偶成皇冠型。雌雄蕊正常,雄蕊偶有瓣化,雄蕊柱头浅粉色,梗较细,花侧开。

图4-25　粉芙蓉

26. 鹤落粉池(图4-26)

传统晚花品种。株丛中高,茎脆易折,着叶稀疏。花粉红色,花型楼子台阁型,下方花外瓣大,2轮,粉红色,内瓣粉白色,稠密;上方花花瓣少,直立,高耸,粉白色。雌蕊瓣化,边缘略带红色。花梗粗而圆,花头垂,斜伸或匍匐于地。该品种具有浓郁的桂花香味,食用味道也极佳,花期较长,耐水养,适宜切花栽培。

图4-26　鹤落粉池

27. 出水睡莲(图 4-27)

晚花品种。株丛均匀,美观,花粉色,柔和淡雅,花型荷花型。花瓣 4~5 轮,由下至上、由外轮至内轮色泽依次浅淡。花形、瓣形及瓣色均与睡莲酷似,加之花朵直上,亭亭玉立,故得此名。生长势中等,分枝较多,着花多,且抗逆性强,适应性广。可栽植于庭院、街道及其他各类绿地,是观赏价值极高的品种,由菏泽育成。

图 4-27　出水睡莲

28. 柳叶红(图 4-28)

株丛低矮、紧凑,茎长,红褐色,节间短,着叶繁茂。小叶披针形,叶背具少量白色茸毛,生长旺盛,因小叶似柳叶而得名。花紫红色,鲜艳,花型蔷薇型。花瓣质软,细腻润泽。盛开后,下层花瓣微向下垂。花梗长,花头直立。该品种由菏泽赵楼牡丹园于 1976 年育成。

图 4-28　柳叶红

29. 金针刺红绫 (图 4-29)

花复色,有时黄色,花型托桂型或托桂台阁型。下方花瓣大,较圆整,粉色,密被大小不一的白色圆点。内瓣初为黄色,盛开后转为浅黄,狭长带状或丝状,有少量花药残留其上,雌雄蕊退化。花梗直而长,侧蕾多,在主蕾花谢后开放,群体花期长。生长旺盛,着花多,花色、花形层次感强,新

图 4-29 金针刺红绫

奇富有变化,形如彩凤翻飞,十分引人注目。是庭院美化的优良品种,也适宜于切花栽培。

30. 紫绫金星 (图 4-30)

晚花品种。株丛中高,茎长而直。花复色,花型托桂型。外瓣紫红色,宽而平展,边缘浅齿裂,稍有皱曲;内瓣狭长直立,略有皱褶。初开时,上半部金黄色,至中下部逐渐过渡为红色,晶莹闪光,盛开时上部转为粉白或淡黄色,基部变为浅红色。侧蕾多,花头向上。生长旺盛,着花多。花梗长而硬,花形优美,花色艳丽,内瓣光彩夺目,宛如金星闪耀,故得此名,可作切花栽培。

图 4-30 紫绫金星

31. 白玉盘(图 4-31)

也名白如盘、银盘盛金,早中期开花品种。花色纯白,花型单瓣型。两轮大而圆的白色花瓣相错排列,形如白玉盘。雄蕊因花丝极短,显得金光灿烂。雌蕊完整,极少数瓣化成小瓣。花径约 12 厘米。

图 4-31 白玉盘

32. 墨池撒金(图 4-32)

晚花品种。株高 50~55 厘米。花黑红色,花型蔷薇型。花瓣 4~5 轮,中心雄蕊金黄、球状,雌蕊藏于其中。柱头红色。花径 10 厘米。茎叶繁茂,生长势强,开花直立。适宜切花栽培。

图 4-32 墨池撒金

33. 红荷花(图4-33)

早花品种。花紫红色,花型荷花型,初开极像荷花,故名。花径8~10厘米。枝叶茂密,生长势强,适宜连片栽培和作为育种材料。

图4-33　红荷花

34. 鹤白(图4-34)

早花品种。花纯白色,花型单瓣型。花瓣细长,雄蕊细而多,聚成球状,包埋雌蕊。花径9~11厘米。生长势中等,株高55~60厘米,有侧蕾。

图4-34　鹤白

35. 莲子(图4-35)

中花品种。花朵直立,叶黄绿色,较稀疏。花红色,花型单瓣型,花径约12厘米;花瓣3轮。子房3,有毛,柱头白色。花梗有紫晕,较细。

图4-35 莲子

36. 玉凤(图4-36)

早花品种。株型紧凑,株高约0.7米。花红色,花型单瓣型。花径约15厘米;花瓣2轮。子房2~3,棕红色,有毛。柱头红色。

图4-36 玉凤

37. 粉玉奴（图 4-37）

早花品种。株高 0.8 米左右，叶黄绿色。花桃红色；花型单瓣型，花径 12 厘米；花瓣 2 轮，长椭圆形。雌雄蕊正常。雌蕊柱头、房衣均为红色；雄蕊花丝黄色。花梗较细而硬，花直立。

图 4-37　粉玉奴

38. 玉蝴蝶（图 4-38）

早花品种。叶较密集，株高 1 米左右。花深紫红色，花型单瓣型。瓣质较硬，有光泽。雌雄蕊正常，雌蕊柱头紫红色，房衣红色。花梗细而硬，花直立。

图 4-38　玉蝴蝶

39. 玫红托金(图 4-39)

属中花品种。株高 60~65 厘米。茎粗,每主枝有 2~3 个分枝。花玫瑰红色,鲜艳。花型单瓣型,花瓣 2~3 轮。花瓣大而质硬。雄蕊团簇成球状,金黄色,故名。雌蕊小而隐蔽。花径 12~13 厘米。

图 4-39 玫红托金

40. 红艳系金(图 4-40)

亦称红雁戏金,晚花品种。株高约 60 厘米,小叶狭长,叶翠绿色。花鲜红,瓣边泛白,花型绣球型。雌雄蕊未完全瓣化。花径 12 厘米左右。其生长势强。适宜切花栽培及盆花栽培。

图 4-40 红艳系金

41. 紫凤朝阳(图4-41)

中早期开花传统品种。株高60厘米左右,茎秆为褐色。花紫红色,千层起楼,花型台阁型或蔷薇型,花瓣质地细腻。在金黄色花蕊中常伴有几枚奇特的紫红色花瓣,如同紫凤,故名。侧蕾多,易开花。开花时耐日晒,花期较长,花径9~11厘米。花繁叶茂,生长势强,且适应性广,观赏价值高。适宜庭院美化及花境栽培。

图4-41　紫凤朝阳

42. 红玛瑙(图4-42)

早花品种。株丛中高、圆整,茎粗短,浅绿色,边缘稍波曲。花粉红色,边缘粉白,花瓣单瓣型或菊花型。外瓣圆整、平展、质硬。雄蕊基本正常,少数瓣化。侧蕾多,着花多,花头直立;花形变化多端,且开花整齐,耐日晒。本品种由菏泽赵楼牡丹园育成。适宜在庭院及街道栽植。

图4-42　红玛瑙

43. 蓝蝴蝶(图 4-43)

株高 1.2 米左右,生长势强。花粉蓝色,花型单瓣型,花径 13 厘米;花瓣 2 轮。雌雄蕊正常,雌蕊柱头紫红色;雄蕊花药、花丝均为金黄色。梗较细,花朵直立。

图 4-43 蓝蝴蝶

44. 雏鹅黄(图 4-44)

中花品种,株高 1 米左右。花白色,微黄;花型单瓣型,偶为托桂型。花径 16 厘米;花瓣中部稍有红晕。雌雄蕊正常。子房 4,有毛;柱头浅粉色,花丝白色。

图 4-44 雏鹅黄

45. 黑海撒金(图4-45)

株高60厘米左右,生长势强,叶翠绿,茎褐色。花黑红色,花型蔷薇型。花瓣6~7轮,内有完好的雌雄蕊。花径8~10厘米,开花基本直立。适宜切花栽培及花坛栽培。

图4-45　黑海撒金

46. 满堂红(图4-46)

中花品种。株丛中高,茎硬而直立,枝叶稀疏。小叶长椭圆形或披针形,叶缘上卷,叶背光滑无毛。花深玫瑰红色,花型皇冠型。外瓣宽大,近花心处内瓣较宽大。雄蕊全部瓣化;雌蕊4~7枚,正常或稍有瓣化,柱头白色。花梗细长,花朵直上。生长一般,着花多。适宜于庭院及街道美化,也可布置花坛、花境等。

图4-46　满堂红

47. 红菊花(图4-47)

中花品种。株丛中高,茎粗壮直立。着叶稀疏,叶片厚而挺直。小叶狭披针形,内卷。花深紫红色,花型皇冠型。外瓣质厚,卵形,宽大平展,较圆整;下层内瓣狭长,细碎,中上层内瓣则较宽而平,边缘齿裂不明显。花梗硬,花头直上。生长旺盛,着花多,花形端庄丰满。可用作庭院及街道美化。

图4-47 红菊花

48. 苍龙(图4-48)

中花品种。株丛稀疏,茎细硬,斜伸。叶片深绿色,披针形。花黑紫色,形小,花型金环型。瓣质硬,具光泽,稀疏不整齐,内外瓣间夹一圈黄色花药,十分醒目。花梗细长而斜伸,花头向上。生长较弱,但花色、花形新奇、美丽,是优良的新品种之一。可用于庭院及街道美化。

图4-48 苍龙

49. 醉颜粉(图4-49)

中花品种。生长势强,茎秆粗壮。开花直立,遇雨露状如人醉容,因此得名。花粉色,重瓣;花径11~12厘米。

图4-49 醉颜粉

50. 白鹤展翅(图4-50)

早花品种。花白色,花型单瓣型。花径17厘米,花心偶有红色花瓣。子房4~6,无毛,柱头乳白色,花梗较粗,花直立,花量大,枝叶茂密。

图4-50 白鹤展翅

51. 大瓣红（图4-51）

中花品种。株高60厘米，茎秆挺直坚硬，生长势强。花鲜红色，花型荷花型。花瓣2~3轮，大而圆，雌雄蕊基本完好。花径10厘米，开花直立。适宜切花栽培。

图4-51　大瓣红

52. 俏袭人（图4-52）

株高1米左右，叶缘曲折。花粉紫色，花型单瓣型，花瓣上有均匀的紫红色斑点，而近基部无斑点。花径16厘米。子房棕红色，有毛，柱头白色。花梗较粗，花直立。

图4-52　俏袭人

53. 玉版白(图4-53)

属中花品种,株高60厘米。花白色,花型单瓣型,与"白玉盘"相似,雌雄蕊均正常。花径10~11厘米。生长势旺盛,花开直立,有侧枝,侧蕾易开花。

图4-53　玉版白

54. 向阳奇花(图4-54)

中花品种。株丛矮小,圆整,茎细硬。花复色,花型托桂型或金蕊型。外瓣紫红色,阔卵形,宽大,略向内抱,质硬;内瓣狭长条状,质薄,初开粉红色,盛开后转为粉白,色泽、形状与外瓣差异明显。花朵直上。生长旺盛,着花多。花形小巧,花期长。观赏价值较高,是深受欢迎的新品种之一。

图4-54　向阳奇花

55. 冰青（图4-55）

晚花品种。株丛中高，茎稀疏而软，易侧伏。小叶稀疏、狭长，披针形或宽披针形，叶缘波曲上卷，叶裂较深，叶脉下凹，叶背光滑，无毛。花白色，具一轮外彩瓣，花型皇冠型。外广卵形，端具不整齐齿裂，内瓣呈狭倒长卵形，端齿裂，斜出而不甚整齐。雄蕊完全瓣化，雌蕊瓣化为端浅紫红的短狭瓣或退化消失。花梗长，花朵侧垂。生长势较弱，侧蕾稀少，着花不多。此品种可在专类园中布置。

图4-55　冰青

56. 包公面（图4-56）

中花品种。株高55~60厘米，生长势中等，开花直立。花黑红色，花型单瓣型。花瓣3轮，大而圆，边缘光滑无缺裂，近乎黑色，雄蕊金黄，雌蕊小柱头红，面黑心红贵如金，故名。花径约10厘米，适宜庭院观赏。

图4-56　包公面

57. 紫向阳(图 4-57)

又名丹心向阳,早花品种。花紫红色,花型半重瓣型或皇冠型。花瓣外缘飞白,有齿裂,雄蕊完好或瓣化成大瓣。

图 4-57　紫向阳

58. 白羽翎(图 4-58)

早花品种。株高 45~50 厘米,生长势中等。叶片大,茎枝软,开花稍倾。花纯白色,花型荷花型。花瓣 2 轮,瓣端缘锯齿状,犹如羽毛,故名。雌雄蕊均完好,柱头红色。花径 10 厘米左右,花量不大。适宜切花栽培。

图 4-58　白羽翎

59. 粉绒球(图 4-59)

中晚期开花品种。株高 60 厘米,生长势中等,叶深绿色,肥厚。花粉色,花型托桂型。外瓣长而平展,盛开向下翻。内瓣由雄蕊和雌蕊瓣化成簪状花瓣,粉色,仅基部微黄,瓣端有缺裂。花径 12 厘米左右。适宜庭院栽培。

图 4-59　粉绒球

60. 火炼赤金(图 4-60)

株丛紧凑、中高,茎粗壮,挺直。叶片深绿色,质硬而挺。花红色,花型托桂型。外轮花瓣大,上翘,向内抱。瓣缘齿裂明显,大小、深浅不一,内瓣狭长,夹金黄或黄白色条纹,弯曲、翻卷,瓣间、瓣缘尚有残存的金黄色花药。全花形如炼金炉,火舌上下翻滚,因此得名。生长健壮,病虫害少,抗逆性强。花形妙趣横生,是布置庭院、街道及花境、花带、花坛的优良品种。

图 4-60　火炼赤金

61. 金奖红（图4-61）

中花品种。株高约0.9米。花红色，花型菊花型或蔷薇型。花径约14厘米，花瓣边缘颜色较浅。雄蕊少量正常，雌蕊较小。花梗较粗，花直立。

图4-61 金奖红

62. 茎紫红（图4-62）

中花品种。株高1米左右，叶茂密。花红色，花型蔷薇型，花径约14厘米。花中心有细碎花瓣，花梗细软，花朵下垂。

图4-62 茎紫红

63. 丽红(图 4-63)

晚花品种,株高 70 厘米左右,枝繁叶茂。花红色,花型蔷薇型。雄蕊一半瓣化。花冠中心有黄色花药。个别花冠在雄蕊中心由雌蕊形成小花,奇美无双。花径 10 厘米左右,适宜切花栽培和盆花栽培。

图 4-63 丽红

64. 美菊(图 4-64)

中花品种。株高约 60 厘米。花复色,花型托桂型或菊花型。外瓣紫红色、瓣大。内瓣浅紫色、条状。花冠上层盛开时花瓣变白,雄蕊未完全瓣化。少数植株花朵近心处着生 3~5 片由雌蕊变化而成的大而直立与外瓣同色的花瓣。生长势强,着花多,夏季耐高温。适于广场花坛栽植。

图 4-64 美菊

65. 蒙古青(图4-65)

中花品种,生长势旺盛。花粉蓝,花型菊花型。此品种在赤峰栽培,据栽培特性,属中原品种。花径10~12厘米,有侧枝,易开花。

图4-65 蒙古青

66. 百花魁(图4-66)

中花品种。株高1米左右。花粉红色,花型蔷薇型,花形不整齐。花瓣间夹有未瓣化的雄蕊。花径约15厘米。花梗有紫晕,花直立。

图4-66 百花魁

67. 火炬（图4-67）

株丛中高，茎粗壮。小叶长披针形，光滑，叶缘微波曲，内卷。花紫红色，花型皇冠型。外瓣2轮，广卵形，质软；内瓣多，条形或带形，密集呈半球状，端部尖或深齿裂，质软，雄蕊退化变小。花梗青色，长而具棱。花头直立，开花较早。生长势一般，但着花多，病虫害少。花色鲜艳似火，朵朵向上，远观如燃烧的火炬。可群植，也可用于庭院、街道及其他各类园林绿地。

图4-67 火炬

68. 手扶银须（图4-68）

中花品种。株丛中高，茎硬而直立。小叶长椭圆形或宽披针形，叶缘稍上卷，叶背有毛。花朵外瓣玫瑰红色，宽大，整齐或缺裂；内瓣白色略带淡紫红色，花型托桂型，狭长针状，基部爪状。雄蕊全部瓣化，雌蕊3~5枚；柱头紫红色，花梗挺立，花朵直上。生长旺盛，着花多，花姿端庄、秀美。可用于庭院及街道美化。

图4-68 手扶银须

69. 紫红魁(图 4-69)

中花品种。株高 1 米左右,枝叶密集,萌发力强,生长势强。花紫红色,花型蔷薇型。花径约 11 厘米,外瓣大,内瓣稍小。子房 3,柱头白色;雄蕊瓣化或退化,少有正常。花梗有浅紫晕,细而较软。花侧开,花蕾圆形。

图 4-69　紫红魁

70. 大桃红(图 4-70)

晚花品种。株高 0.8 米左右。小叶较宽,叶背有毛。花粉色,花型蔷薇型。花径约 15 厘米;花瓣质地较硬,花梗粗而软,花下垂及地。

图 4-70　大桃红

71. 桃花焕彩(图4-71)

早花品种。株高 0.9 米左右,叶黄绿,叶缘稍上卷,小叶狭长,萌发力强。花紫红色,花型托桂型。花径约 18 厘米,外瓣 2 轮,倒卵形,端部中央浅裂;内瓣为雄蕊瓣化的针状小瓣;花瓣有光泽。子房 3,黄绿色,柱头乳白。花梗黄绿色,细而硬,花直立,成花率高。

图 4-71 桃花焕彩

72. 百园紫(图4-72)

中花品种。株高 65 厘米左右,茎秆强硬。花紫色,花型蔷薇型或台阁型。因其花为紫色,又是菏泽"百花园"中选育而成,故名百园紫。外瓣 2 轮,稍大,雄蕊全部瓣化成紫红色花瓣,花冠紧凑。花径 9~10 厘米,开花直立,可作切花栽培或盆花栽培。

图 4-72 百园紫

73. 西施醉酒(图4-73)

中花,偏晚品种。株高1米左右。花粉色,花型蔷薇型。花径约12厘米,花梗较粗而软,花侧垂。

图4-73 西施醉酒

74. 凌花晨浴(图4-74)

也称凌花春浴、凌花晨玉。极晚花品种。株高60厘米,枝叶繁茂,小叶柳叶状,茎坚硬粗壮。花粉蓝色,开花紧凑,花型蔷薇型。雌雄蕊瓣化,花径8~10厘米。植株长势强,开花直立,适宜庭院品种搭配种植,以延长整体花期。

图4-74 凌花晨浴

75. 银红碧波(图4-75)

中花品种。株高0.8米左右。花红色,花型皇冠型或托桂型,花径约11厘米。外瓣大,2轮,倒卵形。子房4~5,有毛,花梗较软,花侧垂。

图4-75　银红碧波

76. 奇丽(图4-76)

中花品种。株高约60厘米,茎褐红色,分芽力弱,生长势中等。花型菊花型或绣球型,雄蕊部分瓣化;雌蕊萎缩,花型不稳定。菊花型瓣均为条状或丝线状,呈曲卷态,淡黄色、白色、粉色、紫色并存。绣球型全为粉色,花径10~13厘米。开花直立,有侧蕾。因花形、花色出众奇特,与芍药其他品种差异明显,故此得名奇丽。

图4-76　奇丽

77. 娃娃面(图4-77)

中花品种。花粉色,花型蔷薇型。花外瓣较大而色深,内瓣较小而色浅。雌蕊基本退化,雄蕊大部分瓣化,花下垂。

图4-77 娃娃面

78. 紫檀生烟(图4-78)

中花品种。株高0.7米左右,花黑紫红色,花型皇冠型,花径12厘米,花端部色浅,子房4~5,有毛,柱头素红色。

图4-78 紫檀生烟

79. 曲叶红(图 4-79)

中花品种。株高 1 米左右,叶密集,叶缘扭曲上卷,生长势弱。花紫红色,花型皇冠型。外瓣 2 轮,倒卵形;内外瓣之间有一圈针状碎瓣。雌蕊正常,柱头粉色;雄蕊全部瓣化。花径约 10 厘米。花蕾卵圆而长,花量小,花梗细,花直立。

图 4-79　曲叶红

80. 晓芙蓉(图 4-80)

中花品种。植株冠幅 60 厘米左右。花型半重瓣型,花色粉白色,单茎单花,具有清香,花径约 13.5 厘米。该品种因瓶插期较短而不宜作为切花栽培,仅供庭院观赏栽培。

图 4-80　晓芙蓉

81. 双蝶系金轮(图 4-81)

属早中期开花品种。株高 60~75 厘米,生长势很强,茎粗壮。花粉色,花型不定,有时蔷薇型,有时为对折耸起的奇花。雌雄蕊完好。花径 13 厘米左右。开花直立,适宜切花栽培及庭院观赏栽培。

图 4-81 双蝶系金轮

82. 桂粉(图 4-82)

晚花品种。株高 50~60 厘米。长势一般,分芽力弱,茎强壮,开花直立。茎叶黄绿色,叶片肥厚。植株花蕾翠绿色,花型蔷薇型或皇冠型。雌雄蕊完全瓣化。花色柔润,白里透粉,粉中透黄,少数瓣端缘有红边,非常耐看。花径 10 厘米左右,有 3~4 个侧蕾,盛开后花团簇簇。适宜花坛栽植及绿地配植。

图 4-82 桂粉

83. 富贵抱金(图4-83)

中花品种。株高约90厘米,冠幅约83厘米。花色紫红色,花径约13厘米,单茎着花2~3朵,具有清香,其色彩组合彰显了国人对于紫色的偏爱。该品种不仅适宜庭院观赏,还可作切花栽培。

图4-83　富贵抱金

84. 迎翠红(图4-84)

中花品种。株高0.9米左右。花浅红色,花型金环型,花径约14厘米。外瓣大,2~3轮,瓣端有缺刻,内瓣小,内外瓣之间有一圈未瓣化的雄蕊。花梗较细,花直立。

图4-84　迎翠红

85. 凤羽落金池(图 4-85)

中花品种,偏晚。株高 0.8 米左右。叶深绿,叶背多毛。花白色,花型皇冠型,花径约 16 厘米。外瓣 2 轮,长椭圆形;内瓣为雄蕊瓣化的小瓣,雌蕊瓣化为红色花瓣或正常。子房褐色,有毛,花梗较粗,花直立。

图 4-85　凤羽落金池

86. 香妃紫(图 4-86)

中花品种。株高约 90 厘米,冠幅约 70 厘米。花径约 12.5 厘米,单茎着花 1~2 朵,具有浓烈的香味。该品种天然的皇冠花型充分展示了如王妃般的气质,缠绵的醉人馨香不输兰桂。不仅适宜于庭院栽培观赏,亦可作切花栽培。

图 4-86　香妃紫

87. 西施蓝(图4-87)

属中晚期开花品种。株高75厘米左右,茎秆硬,分芽力中等,生长势一般。花粉蓝色,花型蔷薇型或台阁型。外瓣2轮,紫红泛蓝色,圆而大,边缘无缺裂。雄蕊基本瓣化成花瓣。花径12~13厘米,开花直立。

图4-87 西施蓝

88. 湖水荡霞(图4-88)

早花品种。株高约1.2米,叶大而稀疏,生长势强。花粉紫色,微蓝,花型台阁型。花径约14厘米,花心有碎瓣,下方花雌蕊瓣化为红色花瓣。花茎有不均匀紫晕,花直立或侧开。侧蕾多,成花率高,花期长。适宜庭院观赏及切花栽培。

图4-88 湖水荡霞

89. 粉面狮子头(图4-89)

中花品种。株高约75厘米,冠幅约65厘米。花色为明亮的紫红至粉红色,花径约12.5厘米,平均单茎着花3朵,具香味。该品种花朵内轮由雄蕊瓣化而来的粉红色花瓣犹如狮子的粉色面孔,外轮紫红色花瓣像狮子的毛,花朵盛开时犹如一群粉色的狮子在花园中嬉戏游玩。不仅适宜庭院观赏,还可作切花栽培。

图4-89 粉面狮子头

90. 雪峰(图4-90)

中花品种,偏晚。株高1.1米左右。花白色,花型皇冠型。外瓣3轮,倒卵形;内瓣为雄蕊瓣化的小瓣。花径约13厘米。雌蕊正常,柱头红色,花梗较粗,花侧开。

图4-90 雪峰

91. 月照山河（图 4-91）

别名仙女,中晚花品种。株高 70 厘米左右,叶片肥大,茎秆健壮,生长势强。花瓣粉蓝色,瓣端粉白,如被月色笼罩,花型千层台阁型。花径 10～12 厘米,花朵硕大,开花直立。

图 4-91　月照山河

92. 蓝田碧玉（图 4-92）

晚花品种。株高 65 厘米左右,生长势中等。叶皱缘曲,浓绿色。茎黄绿色,粗壮,开花直立。花粉蓝色,花型皇冠型。底瓣 2～3 轮,大而平展,偶有缺裂,色较粉。雄蕊完全瓣化,色淡粉。花径 10～11 厘米,适宜切花栽培。

图 4-92　蓝田碧玉

五、芍药繁育及栽培管理

芍药性耐寒,喜肥怕涝,喜土壤湿润,但也耐旱,喜阳光,夏季喜凉爽气候。芍药为肉质根,根系较长,故应栽植在肥沃疏松、排水良好的沙质壤土中,栽于黏土或低洼积水的地方易烂根。芍药忌连作,否则长势减弱,病虫害严重。

(一) 繁育技术

芍药的繁育技术主要有播种、分株、扦插和组织培养,目前生产上采取的主要繁育技术是分株,但是繁育速度较慢,扦插和组织培养将会成为今后芍药产业化应用的主要繁育技术。

1. 播种

8月芍药种子成熟时,果实开裂,采收后不能暴晒,最好随采随播,中原地区的播种时间为8月下旬至10月上旬。播前要整地做畦,浇透水,然后播种。秋季播种的当年即可生根,幼芽在翌年春暖后始能出土。因种子有上、下胚轴双重休眠特性,播种后秋天的土壤温度使种子的下胚轴解除休眠状态,胚根发育生根。翌年春天上胚轴休眠解除,胚芽出土(图5-1)。

播种时需要注意以下环节:

第一,为了提高种子萌发率,播种前可用50℃温水浸种24小时,取出后即播。

第二,育苗基地要施足基肥,深翻整平;若墒情较差,应充分灌水,然后再做畦播种。畦宽约50厘米,畦间距离30厘米,种子按行距6厘米、粒距3厘米点播;亦可条播或撒播,粒距不小于3厘米。播后用湿土覆盖,厚度约2厘米。点播每亩用种约50千克,撒播约100千克。播种后盖上地膜,以利防寒保墒,于翌年春天萌芽出土后撤去。

第三,第二年春季芍药的幼苗出土,7月时施肥1次,冬季覆土防冻。正常情况下,处在自然环境中的芍药种子需要长达6~7个月的时间才能萌发出苗,移栽幼苗的时间为第三年秋季,播种后第五年开花。在水肥管理方面,芍药喜肥,大雨过后需注意积水的清理。

图5-1 芍药苗

2. 分株

芍药栽培历史悠久,分株法在古代已广泛采用,宋代王观在《扬州芍药谱》一书中曾提到芍药"凡花大约三年或二年一分,不分则旧根老硬而侵蚀新芽,故花不成就",论述了分株的重要性。现在市场上一般出售的为三、四年生分株苗,分株定植后当年即可开花。

芍药分株时间受季节限制,最适分株时间是处暑至秋分,因这段时间芍药地上部分逐渐停止生长,地下部分生长活跃期已经结束,此时进行分株对植株伤害较小。而且分株后至休眠前还有一段时间,芍药可利用这段时间进行根部伤口的愈合和部分新根的生长,恢复根系活力。俗语"春分分芍药,到老不开花"说的是春季芍药生长活跃,此时进行分株,芍药根系的伤口愈合和恢复生长较缓慢,不能有效供应地上部分旺盛的水分、矿质营养需求,从而导致生长不良甚至死亡。

芍药分株其优点是操作简便易行、管理省工,利于广泛应用;另外可以保持原品种的优良性状。缺点是繁殖系数低,三年生的母株,只能分3~5个子株,很难适应和满足现代化生产的需要。分株主要过程(图5-2)为:将母株的根挖出,振落附土,晾一天,再顺着芍药的自然分离处将根分开,用利刀切分,每丛根带有4~5个芽。根部切口最好涂以硫黄粉,以防病菌侵入,再晾1~2天即可分别栽植。露地栽植的芍药进行分株栽培,株距50厘米,行距70厘米;盆栽芍药,花盆口径与深度均为40厘米较适宜。观赏芍药每5~6

年可分株一次,药用芍药 3~5 年分株一次。

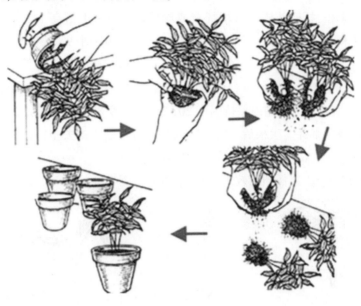

图 5-2　芍药分株

3. 扦插(图 5-3)

图 5-3　芍药扦插

根据选用插条的部位,分为枝插和根插。枝插中注意选地势较高、排水良好的圃地做扦插床,床土翻松,扦插基质也可用蛭石或珍珠岩。在床上搭高 1.5 米的遮阳棚。插穗长 10~15 厘米,带 2 个节,上一个复叶,留少许叶片;下一个复叶,连叶柄剪去,用浓度为 (500×10^{-6}) ~ $(1\,000\times10^{-6})$ 的萘乙酸或吲哚乙酸溶液速蘸处理后扦插,插深约 5 厘米,间距以叶片不互相重叠为准。插后浇透水,再盖上塑料棚。基质温度 28~30℃,湿度 50% 时生根效果最好。扦插棚内保持温度 20~25℃、湿度 80%~90% 为宜,插后 20~30 天即可生根,并形成休眠芽。生根后,减少喷水和浇水量,逐步揭去塑料棚和遮阳棚。扦插苗生长较慢,需在床上覆土越冬,翌年春天移至露地栽植。

芍药插穗的选择决定扦插的效果,其标准可参考图 5-4。

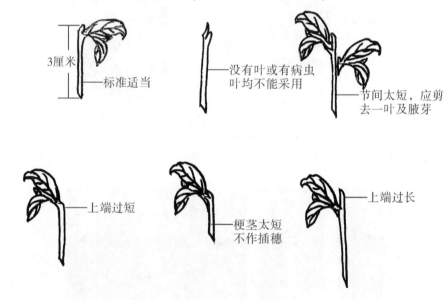

图 5-4 芍药扦插

根插法是芍药种植中少见的一种繁殖方法,利用芍药秋季分株时断根,截成 5~10 厘米的根段,插于深翻并平整好的沟中,沟深 10~15 厘米,上覆 5~10 厘米厚的细土,浇透水即可。

芍药幼苗生长缓慢,扦插苗当年不宜移栽,以免伤根造成越冬冻害。一般幼苗在扦插床上越冬。在幼苗叶片枯萎后,浇透越冬水,过几天后覆盖 20 厘米左右的土层,就可安全越冬了。翌年春季 4 月中旬左右,撤去防寒土。待小苗放叶后,移植到露地栽培。

4. 组织培养

播种、分株、扦插这三种方式是芍药繁殖的主要方式,其缺点主要是繁殖周期长和繁殖系数低。组织培养技术比传统的扩繁方法更有效,使用组织培养技术能够减少外植体的消耗,加快繁殖速度,提高繁殖效率,并且能够保持母本的优良性状,定向得到无病毒的优良植株,以更短的繁殖周期,实现优良品种的扩繁。

　　植物组织培养的研究历史可追溯到 19 世纪中期,理论基础是植物细胞全能性和植物生长调节剂的应用。如今组织培养技术广泛应用于观赏园艺植物新品种培育及扩繁领域,带来了巨大的经济效益。目前芍药在组织快繁技术领域主要应用在针对不同品种筛选合适的外植体、优化愈伤诱导及芽生芽培养基配方等方面。

　　(1)外植体的选择和取材时间　用来进行组织培养的植物材料通常被称为外植体,并且外植体诱导的难易程度与外植体的种类也有一定关系。种子、胚、上胚轴、茎段、茎尖、根尖、芽、叶片、叶柄、花药等是芍药组织培养常用的外植体(图 5-5)。在芍药愈伤组织的诱导过程中以胚轴诱导的效果最好,茎段、叶柄在相同的培养条件下,因外植体类型的变化而呈现诱导效果差异;当外植体种类为叶片或叶柄时,可在外植体基部诱导出茎芽;但是在离体培养条件下产生的茎,会在基部产生大量的小块状愈伤组织;当外植体的种类为花瓣和茎尖时,小的愈伤组织会在其基部产生,一段时间后发育成块状愈伤组织。茎段诱导愈伤组织的效果最好,其次是叶柄,最次是叶片。影响外植体诱导效果的不只有外植体的种类,取材时间也是影响外植体诱导效果的重要因素之一。1 月或者 4℃冷藏处理 5~6 周为芍药茎尖培养的最佳取材时间;过早取材,休眠芽尚未解除,茎尖的生长力低下;取材过迟,休眠芽已开始生长,芽内附有细菌,灭菌困难且污染严重。也有人认为 3 月和 11~12 月中旬是芍药母代芽最佳外植体的选择时间,因为在这两段时间内进行取材的母代芽有利于萌动和分化;同时发现诱导效果最差的是 9~10 月取的芍药地下芽,并且污染严重。

图 5-5　芍药组织培养所用外植体——休眠芽

（2）**芍药组培培养基的选择** MS、1/2MS、B5、LP 等培养基是芍药属植物组织培养中主要使用的几种培养基,在对牡丹的研究中也有关于 WPM、White、N6、LP、改良 WPM 作为基本培养基的报道。适宜芍药组培快繁的是较低无机盐浓度的 1/2MS 培养基,在不定芽诱导方面有很好的效果。

（3）**植物生长调节物质** 在植物组织培养中,赤霉素类、生长素类和细胞分裂素类是常用的三大类植物生长调节物质。GA3 是赤霉素类中常用激素,其主要作用是促进幼苗茎的伸长生长。常用的生长素有 2,4-D、NAA、IAA、IBA,主要作用是促进细胞进入分化状态;6-BA、TDZ、KT、ZT 等激素是常用的细胞分裂素,通常与生长素相配合使用,用来促进侧芽的萌发与生长以及不定芽的分化。虽然植物组织培养中植物生长调节物质用量较少,但是却发挥着不可或缺的作用。

（4）**芍药组培再生体系途径** 芍药组织培养体系的建立主要有愈伤组织途径、丛生芽途径。

（二）栽培技术

1. 露地栽培

露地栽培是芍药栽培中的主要形式,栽培要点为注意合理施肥、浇水、排水、疏蕾、修剪等技术措施。

（1）**不同类型芍药的栽培要点**

1）观赏型芍药 除了在花后孕芽到芽满期间不适宜栽植外,其他时期都可以栽植,一般与分株繁殖结合进行。春季虽然可以栽植,但是栽后根系受损,吸收肥水能力比较差,往往导致植株生长发育不良。栽植株行距为 70 厘米×100 厘米,穴深、穴口直径分别为 20~25 厘米、18 厘米,然后将分株的植株展根平放在穴内,当填入细土到 1/2 穴深时,将根稍向上提,使根与土壤密切结合,上提高度以其芽平地为准。

2）药用型芍药 先按栽植行距开挖与地面呈 35°~40°角、深 25~28 厘米的斜沟,并将斜面的土压实,在准备好的畦土上按照行距 50 厘米、株距 40 厘米的标准进行密植。栽植前深耕地,并充分腐熟堆肥、油粕、厩肥及骨粉等作基肥。栽植时芍药根带芽不宜过多,一般 2 条芍药根带 1~3 个芽,也可用 1 条芍药根带 1 个芽,芍药根按照株距栽植在斜面上。芍药好肥性强,特别是花蕾显色后及孕芽时需肥性更强。芍药主要施肥期有 3 次,一是花现蕾后,绿叶全面展开,花蕾发育旺盛,此时需肥量大;二是花刚开过,花后孕芽,消耗养料很多,需肥性最强;三是霜降后,结合封土施 1 次冬肥。施肥时,注意氮肥、磷肥、钾肥配施,特别要注重施用含丰富磷质的有机肥料。此外,早春出芽前后结合施肥浇 1 次透水,11 月中下旬(即小雪前后)浇水 1 次。芍药开花前除顶蕾外,其下有 3~4 个侧蕾,为使顶蕾花大色艳,应在花蕾显现后不久摘除侧蕾,使养分集中于顶蕾。为防止顶蕾受损,除顶蕾外,可以先留 1 个侧蕾,待顶蕾正常发育时,再将留下的侧蕾及时除去。芍药花秆软,多数品种开花时容易倒伏,可在花蕾显色后设立支柱。支柱形式有 2 种,一种是单杆式,用于扶持花大而秆软的品种;另一种是圈套式,用于一般品种,将松散植株用塑料绳圈围起来,使花秆互相依附而挺立。适时搭棚架,可以延长花期 8~10 天。

芍药为肉质根,耐旱、不耐涝,遇积水容易腐烂,因此,露地栽培一般选择地势较高,土壤肥沃、疏松、灌排方便的地块。注意雨季排水,仅在特别干旱时进行浇水。芍药在栽培过程中为了利于疏松土壤,要经常进行中耕除草。中耕除草还可以减少杂草对养分的消耗。

芍药为草本植物,枝条生长迅速,在生长过程中需要进行一定的修剪,根据时期一般分为春季修剪和秋季修剪。春季修剪一般在每年春天发芽后的半个月左右,春季进行修剪既可以保证花鲜艳茂盛,又可以为植株积攒养分。秋季修剪的主要目的是剪掉弱枝、病枝、枯枝、残叶,剪后及时清园,并将废弃物集中烧毁,减少病虫害的发生。

3)切花型芍药　芍药生长阶段按照切花栽培要求划分为 7 个时期。

萌芽期:从芍药芽鳞破裂,芍药进入缓慢生长期,到叶片聚生于枝顶。

茎伸长期:从叶片皱缩且离茎生长(芍药萌动后 7 天左右)开始,到芍药叶片开始伸展结束。

茎叶生长期:从芍药叶片基本平展到花蕾不被叶片包被(花蕾与单叶间节间开始伸长)结束。

孕(育)蕾期:芍药萌芽 25~29 天,芍药进入生殖生长阶段,花枝出现单叶,该阶段一直持续到株高与花蕾停止生长。

成熟期:从第一枝芍药花枝花蕾成熟度达到质量要求,到 90% 花枝花蕾成熟度达到质量要求为止。

根芽生长期:从采切期结束,到芍药地上部分枯萎,根系休眠,停止生长为止。

根系休眠期:从芍药地上部分枯萎,地下根系停止生长开始,直到翌年春天开始萌动。

(2)栽培技术

1)生产基地选择与规划

①生产基地选择。

气候条件:年平均气温 8~14℃,最低气温不低于-46.5℃。最高气温不超过 42.1℃。年降水量 500~800 毫米。

土壤条件:沙质壤土,土壤肥沃。土层深厚,活土层在 60 厘米以上。地下水位在 2.5 米左右。土壤总盐量在 0.3% 以下。

地势地形:坡度低于 15°。

②生产基地规划。配备排灌设施、遮阴设施及必要生产用建筑物。

2）栽植

整地：栽植前土壤要进行深翻，深度 50~80 厘米。栽植前 10~15 天把地整平待植。

栽植密度：株行距 60 厘米×80 厘米为宜，每亩栽植 1 388 株。

栽植株行距也可采用 40 厘米×60 厘米，待 1~2 年后，株距上每隔 1 株移走 1 株，株距变成行距，即 60 厘米×80 厘米。

苗木处理：将 3 年（含）以上苗龄母株从土壤挖出；挖起后，去掉根系附土，尽量减少伤根；在阴凉通风处晾置 1~2 天，并核实品种，剔除不合格的母株。用手或利刃顺自然缝隙处劈分，分株后及时用草木灰（加水混成糊状）涂抹分株苗伤口或用 1 000 倍多菌灵或甲基硫菌灵浸泡 15~20 分，晾干后待植。若母株存在病害或土壤中有严重的病虫害则应根据实际情况，选择在草木灰中添加药剂或直接用药剂混成溶液浸根。

栽植时间：芍药干枯以后，平均气温稳定在 15~20℃，且种植后有大约 1 个月时间平均气温高于 10℃时栽植最佳。

栽植方法：按株行距挖穴，穴深 40~50 厘米，穴口直径为 20~25 厘米，穴底略小于穴口直径。

手持分株苗，使根系舒展地放于穴中，当填土至穴深一半时，抖动并上提分株苗，使根系与土壤结合紧密。分株苗上提高度，以芽尖低于地平面 1~3 厘米为宜。最后填土至穴满，填土过程中，应不断将土捣实。

栽植后，在苗上封高 3~5 厘米（若当地冬天低温低于−15℃，封土高度应适当增加）的土丘，以防寒保墒。

3）一年生苗田间管理

①松土平畦。栽植后封起来的土丘，于春季芍药萌芽前及时扒平，平整畦面，以便于田间管理。

②中耕除草（图 5-6）。芍药生长期内，土地需要勤锄，保持土壤疏松，做到有草必锄、雨后必锄。抹除主蕾后要浅锄、松土，深度 1~3 厘米即可。若采用覆膜技术，覆膜前应深锄松土，覆膜后则应及时拔除从膜中透出的杂草。

③施肥。芍药施肥应采用配方施肥方法，追肥量、追肥比例与品种及栽植地密切相关，应根据芍药生长及养分积累量确定追肥次数、施肥量、施肥比例。

基肥：于土地深翻后，整平前施入，根据土壤肥力不同，每亩施用 100~200 千克饼肥或腐熟的厩肥 200~300 千克并辅以复合肥。

根际追肥：芍药切花栽培应及时追肥，每年追肥 3 次。

第一次追肥（芽肥），萌芽后 3~5 天，结合整地平畦施加，每亩施用 30-10-10 氮磷钾复合肥 5~10 千克，与饼肥或厩肥混合使用；第二次追肥（蕾肥），孕蕾期 1~3 天，结合松土施加，每亩施用 20-20-20 氮磷钾复合肥 3~5 千克；第三次追肥（花后肥），根芽生长期 1~3 天，结合松土施加，每亩施用 15-10-30 氮磷钾复合肥 3~5 千克，与饼肥或厩肥混合

图 5-6　除草

使用。

叶面追肥：进入茎叶生长期后开始喷施叶面追肥，叶面追肥以补充磷、钾肥为主，辅以微量元素。茎叶生长期，每隔 7~10 天，喷施 1 次 400 倍的磷酸二氢钾或其他叶面肥料；根芽生长期，每隔 15~20 天喷施 1 次。

注意用肥浓度，坚持"少施多次"的原则。若喷肥 2~3 天后，没有雨水，应及时喷洒清水，清洗叶片残留肥料，以免发生肥害。

④浇水。栽植后应及时浇水；浇水后 2~3 天，待土壤稍干，及时取土覆盖露出地面的芽。

芍药根为肉质，不耐水湿，不宜经常浇水。但干旱时仍需适时浇水，特别是开花前后或越冬封土前，要保证土壤墒情适中。浇水时应开沟渗浇，避免高温时浇水。提倡采用滴灌、微喷等节水灌溉措施。芍药进入休眠期之前应浇 1 次水，以利于防寒保墒。

⑤排水。种植基地建立配套的排水设施，当因降雨而使地面出现积水时，应特别注意及时排水，防止根系腐烂导致植株死亡。

⑥整枝。

抹芽：原则上保留分株苗所有萌芽；但若萌芽数大于 9 个，影响到植株整体长势时，应在萌芽 9~10 天，剔除多余萌芽（一般保留 6~8 个即可）。

主蕾摘除：在现蕾 10 天后摘除主蕾养苗。用枝剪从花蕾下 1~3 厘米处剪除（剪平口)主蕾,避免损伤花枝;主蕾剪除后应及时在花枝剪口下3~5厘米处将花枝弯折,使切口向下,防止雨水顺切口进入花枝。

⑦清除干枯枝叶。10月下旬枝叶干枯后,及时清除出圃地,烧毁或深埋。

⑧封土越冬。土壤封冻前,在芍药植株上要封高3~5厘米土丘(若冬季极低温低于-15℃可适当增加土丘厚度),以防寒保墒。

⑨覆膜。为控制杂草,保持土壤湿度,可以采用覆膜技术;萌芽后1~3天,覆盖黑色地膜。应在覆膜前灌水、松土、施用防治地下害虫药剂。

2. 容器栽培

(1) **容器苗(图5-7)的概念**　容器苗是以轻型基质为载体,利用专用的容器,以播种、扦插、移栽等方式移入容器中培育的苗木。跟普通的大田裸根苗(图5-8)相比,容器苗具有生命力强、育苗周期短、对育苗环境要求低、便于机械化管理和运输、移栽不受季节限制、没有缓苗期等优点,是国内外广泛使用的一种育苗方式,也是实现苗木规模化、市场化、工厂化的必经之路。

图5-7　芍药容器苗

图 5-8　芍药大田育苗

（2）**容器苗的类型**　常用的容器苗类型有播种容器苗、扦插容器苗和移植容器苗。

播种容器苗是将一定数量的种子直接播种到容器中培育出来的苗木。由于繁殖系数大，播种容器苗能为人工造林提供足够多的苗木，从而使其成为国内外造林的主要苗木类型。《育苗技术规程》规定播种苗不能连续培养 3 年，否则会影响根系生长进而影响移栽成活率。因而播种容器苗一般规格较小，多在播种 1~2 年后即出圃应用。由于有性繁殖变异较大，不能保持亲本的优良性状，且苗木规格较小，不能即时成景，因而在园林观赏植物育苗中应用较少。

扦插容器苗克服了播种容器苗的缺点，能保持亲本的优良性状，在园林观赏植物市场上应用较多。最开始的扦插容器苗是先苗床内扦插，待扦插生根后再移植于容器内继续进行培育。随着技术的发展，现在已经可以实现直接将插穗扦插于容器内，从而省去了苗床扦插及移栽的工序，节约了人力、物力，降低了育苗成本。

移植容器苗是指经过优选修剪根系后的原床裸根苗移植到容器内培育的苗木。这种容器育苗方法融合了移植苗和容器苗的优点：育苗前期是在大田中进行，大大降低了成本，后面再经过一段时间的容器栽培，又能使其形成良好的根系和株形，解决了裸根苗移动性差、移栽时间受限制的问题。因而，移植容器苗是现在国内外常用的育苗方式，尤其是大规格园林绿化树种常用该方法进行育苗。

芍药容器苗对植株大小、花型、栽培基质等有一定要求,主要技术措施包括以下几个方面:

1)品种选择　宜用株型矮、根多而短、生长健壮并且开花相对容易的品种。

2)栽培基质　栽培基质具有较高的保肥、保水、保温和通气性。

3)容器选择　以透气好的瓦盆为宜。初植时容器可用口径 25~30 厘米、深 20~25 厘米的规格,根据植株及花型大小可进行后续换盆处理。栽培时间:以 9 月上中旬为宜。

4)栽后管理　芍药侧蕾出现后,可及时摘除,以便养分集中,促使顶蕾花大花美。花谢后,随时剪去花梗,以免结籽,消耗养分。夏季浇水,宜于清晨;秋季宜少浇水,以免秋发。

3.设施促成栽培

芍药的生长发育规律特别是开花生物学特性,是促成栽培的生物学基础。在其生长期进行促成栽培必须具备以下两个条件:一是花芽已基本形成,即至少已完成初级的形态分化;二是植株已经具有一定的营养基础。之后对根给予低温或激素处理,使其完成低温感受过程和解除休眠,并在适宜的环境条件下生长、开花。

除了掌握芍药各器官的一般生长发育规律及其对环境条件的要求外,还需要进一步掌握叶片、花芽、花蕾的生物学特性。另外芍药品种类型、种苗品质、株龄等状况都是影响芍药促成栽培的因子。比如在众多的芍药品种中,只有部分品种适用于催花,如胡红、朱砂垒、赵粉、乌龙捧盛、紫二乔、藏枝红、丛中笑、锦袍红、守重红、大棕紫、银红巧对、盛丹炉等。这些品种成花率高,观赏效果好,且催花技术也日趋成熟。在催花过程中合理控制不同时期的温度是保证预期成花和催花质量的关键。一般前期从萌动至翘蕾约有 15 天,应保持白天 7~15℃、夜间 5~7℃为宜;中期即从翘蕾至圆桃期前约 20 天,温度控制在白天 15~20℃、夜间 10~15℃为宜;后期即从圆桃期以后约 20 天,白天 18~23℃、夜间 15~20℃为宜。温度的调控还需注意到品种间的差异:赵粉、朱砂垒为早花品种,催花前期要求温度稍低;紫二乔为中花品种,催花温度较高,且需湿度较大;胡红为中晚花品种,催花时蕾叶同步,且前期需温度高些。芍药为长日照植物,花芽在长日照中形成,中长日照下开花,因此芍药的促成栽培一般情况下需要人工补光。催花室内光线一般应保持在 5 000 勒左右,不宜过强。实践表明:在催花后期每天晚上补光 4~5 小时(300~500 勒),对提高成花质量有良好的效果。

总之,在影响芍药促成栽培因子中,种苗的品质起着决定性的作用,而休眠的解除以及温度和光照的控制则在催花的不同时期不同程度地影响着催花的进程和催花的质量。当然芍药催花还受到其他因子,如栽培基质及方式、水肥供应、空气湿度的影响。因此,在催花过程中对各因子应综合考虑,做到具体问题具体分析。

芍药设施栽培要点：

(1) 前期准备

1) 棚室消毒

闷棚：栽培前 15 天密闭温室，可用敌敌畏烟雾或百菌清烟雾密闭熏棚，或将室内温度提高到 50~60℃，保持 8~10 天，进行灭菌杀虫。

除杂：及时清除温室内的杂草、青苔，减少病虫的滋生传播概率。

消毒：栽培前对芍药生产温室及其配套设施每年定期喷洒 600 倍多菌灵、高锰酸钾溶液或用 5% 百菌清熏蒸，以有效减少病虫害的发生与传播。

2) 确定生产时间　早花品种打破休眠需要 4 周时间，在温室中栽培 60 天左右才能开花；中晚花品种打破休眠需要 6~7 周时间，温室中栽培 70~80 天才能开花。在冷藏前 2~3 天起苗，因此要根据具体时间安排生产。

(2) 冷藏打破休眠　芍药具有深休眠特性，必须经过一定的低温处理打破休眠后才能生长开花。采用 0~2℃ 的低温，早花品种处理 25~30 天，中晚花品种处理 40~50 天，即可满足低温需求。首先将冷库打扫干净，并在使用前 2 天用 45% 百菌清熏蒸 24 小时，然后通风 1 天，冷库温度保持 0~4℃，空气相对湿度 80%~90% 用于冷藏。

(3) 栽培基质

1) 基质及其配比　芍药为深根性植物，要求栽培土壤土层深厚，有良好的保水性与排水性，无腐烂，保肥力强，支撑能力强，水、空气维持一定的平衡。基质环境 pH 7~7.5 为宜。最适宜的基质配方为玉米秸秆：菇渣：炉渣 = 3 : 4 : 3（体积比）。也可采用草炭：蛭石：珍珠岩 = 3 : 1 : 1（体积比）。

2) 基质消毒

物理消毒：常采用蒸汽消毒，将 100~120℃ 蒸汽通入基质，消毒 40~60 分。

化学消毒：用 40% 甲醛 500 毫升/米^3 均匀浇灌，并用薄膜盖严密闭 1~2 天，揭开翻晾 7~10 天后使用。

(4) 上盆种植　购买来的种苗栽植前避光，尽快栽植。基质高度宜低于盆口 1~2 厘米，以心叶不埋入基质中为好，不要把基质压得太紧。定植后浇透水。上盆初期温度控制在 22~28℃，空气相对湿度保持 80%~90%，光照度控制在 3 000~5 000 勒。

容器不同，透气性不同，对栽培植株的生长影响很大。不同容器对芍药新根的形成有显著影响，根据产生的一级新根量的多少、新根干鲜质量的高低，可将容器排序为：窗纱 + 周转箱 > 烧制土花盆 > 塑料盆；根据产生的二级新根量的多少可排序为：塑料盆 + 周转箱 > 素烧泥花盆。

栽植时有 4 点需注意：一是盆栽前须将植株挖出晾晒 1~2 天，使根变软，便于修剪和栽植；二是盆底铺上 2~3 厘米厚的粗炉渣或陶粒等透水性好的基质；三是要剪去过长的根和病残根，使保留根的长度短于花盆深度 4 厘米以上；四是要用 1% 硫酸铜液进行 5~

10 分的根部消毒,或将根在拌有植保素的泥浆中浸蘸。栽植时,把芍药放在盆中央扶正,培养土填至一半时,上提并晃动,双手将土压实,然后再填土压实,直到盆土距盆沿 2 厘米左右为止。

(5)栽培后管理

1)温湿度管理　芍药具有冬季休眠的特性,是典型的温带植物,其生态适应幅度大、分布广,耐寒亦耐热,冬季可耐-46.5℃的低温,在中国北方地区可露地栽培越冬,夏季可耐极端最高气温为 42.1℃。但是,芍药栽培时,温、湿度控制仍是关键。芍药催花期间温度控制应视生长发育状况采取逐步升温的办法,切忌骤然升温或降温,否则即使能开花,开花的质量也不能得到保障,甚至会因升温过快而欲速则不达。前期(12 月上中旬)棚内温度控制在 9~15℃,以利于芍药生根,形成完整的根系,为后期生长发育奠定良好基础。中期(12 月中旬至翌年 1 月上旬)棚内温度控制在 15~20℃,以满足植株正常生长发育。后期(翌年 1 月上旬至 2 月上旬)棚内温度控制在 20~30℃,后期棚内温度增高,有利于提早成花。若中午温度超过 30℃,应适当通风降温。高温不要超过 28℃,低温不可低于 12℃,并且要尽量避免剧烈的温度变化。昼夜要有温差,适宜的温度是 22℃/10℃。芍药的促成栽培对积温也较为敏感,特别是冬春进行促成栽培时,积温更起着主导作用。在光照充足、肥水正常的情况下,一般 880~1 000℃的积温就可以开花。

棚内空气相对湿度白天控制在 60%左右,夜间控制在 90%左右,湿度调控主要依靠喷水增湿、通风降湿。

2)光照管理　芍药喜光照。在充足的光照下,生长旺盛、花色艳丽;但在轻荫条件下也可正常生长发育,并能免受强烈日光灼伤,延长花期。在光饱和点以下,随着光照度的增加,光合速率也会迅速增加,800~1 000 微摩/(米·秒)光照比较适合芍药的生长。达到光饱和点后,光合速率随着光照的增强有下降的趋势。催花时每平方米要用一个 200 瓦的普通灯泡来补充光照。具体做法是:催花前期,每天黄昏后补光 2 小时,中后期补光 3~4 小时,阴雨雪天气相应再增加 2 小时。

3)肥水管理　芍药喜空气湿润,忌土壤积水,缺水则花朵瘦小,花色不艳丽。进入温室后浇 1 次透水。前期每 6 天浇透水 1 次,后期使基质持水量保持在 70%左右。

芍药栽植后第一年,由于基肥充足,小苗消耗养分少,一般不再追肥。第二年开始追肥。芍药展叶后,还可以进行叶面追肥。一般每 15~20 天喷施 1 次 400 倍磷酸二氢钾或其他叶面肥料,连续喷施 4~6 次。

4)激素处理　苗木上盆前用 50 毫克/升的 ABT(1 号)生根粉浸根 3 分,生长前期每株根施 2 克多效唑或后期喷施 150 毫克/升的多效唑(或缩节胺)。进入温室,浇水时用 2 000 毫克/升赤霉素溶液处理,进一步打破休眠。当花蕾直径 0.4 厘米以及 0.8 厘米时,用 600 毫克/升赤霉素涂抹花蕾 2 次;直径 1.2 厘米时,再用 1 000 毫克/升赤霉素涂抹花蕾 1 次。

5) 其他管理 抽枝后每天转盆 180°一次,以使株丛匀称丰满,展叶后及时调整株行距,以利于芍药生长。同时,及时摘除侧生花蕾、空枝,每株留 6~8 朵花。

(三)切花及保鲜

1. 切花采收(图 5-9)

切花采收中最为关键的环节就是采收期的确定,在适宜的时期采收能使花保持较长的开放时间和瓶插寿命。根据气温情况,芍药剪切时最好是在 5:00~10:00 进行,气温高,蒸腾作用强的时段,不宜采收。芍药切花的采收时期一般情况下在花蕾期进行,在生产上芍药切花采收应该在群体花期为初开前期进行(有个别花朵初开);但是根据投放市场的时间及要求,采收时间有少许差异,可由开花指数来确定。当开花指数为 1,即外层花瓣露出花蕾顶部约 1/2,花瓣紧抱不松散;苞片紧贴外层花瓣或外层花瓣中部时,适宜于远距离运输和长期储存。当开花指数为 2,即外层花瓣露出花蕾顶部约 3/4,外层花瓣稍松散;苞片略外移或略松时,适宜于近距离运输和短期储存。当开花指数为 3,即外层花瓣露出花蕾顶部约 3/4,外层花瓣外翻、卷或松散;苞片外移或松散,苞片移于花蕾中下部时,只适合于小批量生产,并且需要就近销售。

图 5-9 切花采收

2.芍药切花储藏及保鲜

保鲜注意考虑瓶插寿命、盛花期天数、花径变化、切花鲜重等指标。瓶插寿命是指从瓶插之日到花朵出现萎蔫或脱落的瓶插天数,瓶插寿命越长,意味着保鲜效果越好;盛花期天数是自花瓣完全开放之日至瓶插寿命结束的时间周期,一般盛花期越长,说明瓶插寿命越长;花径在瓶插期间一般由小变大继而变小,反映了花朵由初开、盛开至萎蔫衰老的进程;切花采收后,鲜重呈现先迅速增加,达到最大值后又迅速减小的趋势,鲜重下降程度越小则保鲜效果越好。因此,瓶插寿命是衡量芍药切花品质的重要指标,适当的保鲜措施可以延长芍药切花的寿命。影响芍药切花保鲜的生理指标主要有游离脯氨酸含量、花瓣细胞膜透性、可溶性蛋白质含量、丙二醛(MDA)含量、超氧化物歧化酶(SOD)活性、过氧化氢酶(CAT)活性。游离脯氨酸含量在一定程度上反映了植物体内的水分亏缺状况,它在芍药切花上呈现先下降而后上升的趋势,其值越大越易引起切花衰老;花瓣细胞膜透性越低表明保鲜效果越好;可溶性蛋白质是植物衰老的重要指标之一,它在芍药切花上初期呈现先上升后下降的趋势,伴随其发育进程,蛋白质含量增加,后随着切花的衰老,可溶性蛋白质大量降解;MDA含量高低是判断切花衰老程度的主要指标,抑制MDA的产生可以有效减缓切花的衰老;SOD和CAT活性高低标志着清除活性氧能力的大小,是植物衰老的参数。延缓SOD、CAT活性的下降,可延长保鲜效果。

为了保证芍药的切花品质,保鲜处理根据时间阶段包括切前处理和切后处理。

在芍药切花采收前可进行一些栽培措施的管理。在早春,可将大分子聚糖和小分子的寡糖混合在一起喷洒在植株上,从而保护芍药花苞免受低温伤害。在芍药生长中期,可在叶面喷施葡萄糖,以促进花苞膨大。还可以喷施一定的氯化钙溶液以提高芍药切花的保鲜寿命。

切花采收后,其原有的生长状态被打破,加上水分代谢失衡、微生物侵染、细胞膜透性增加、呼吸速率增加、缺乏营养、内源激素变化及外部环境因素,最终导致切花衰败。为了使切花延缓衰败,保持其诱人的色泽和美丽,必须进行储藏保鲜处理。

切花物理保鲜的方法包括冷藏保鲜、包裹法保鲜、气调储藏保鲜、降压储藏保鲜,目前在芍药上应用较为广泛的是冷藏保鲜。冷藏又可以分为湿藏和干藏,在芍药切花上干藏比湿藏效果好。随着干藏时间的延长,水分胁迫加重,保护酶活性下降,膜结构遭到破坏,芍药切花寿命缩短,开花率降低。而采用STS预处理与保鲜液相结合的方法,蕾期采切的芍药干藏3个月后,仍具有与鲜切花相近的瓶插寿命及观赏价值。

化学保鲜是现代保鲜技术中普遍采用的技术,由于它成本低、易操作、效果明显,深受生产者、流通环节和消费者的欢迎。瓶插后,可采用保鲜剂进行处理来延长切花寿命;其中,维生素 B_9、茉莉酸甲酯、苯甲酸钠、硝酸钾、硝酸钙、水盐酸、赤霉素、柠檬酸等均可以延长芍药切花的瓶插寿命。芍药切花如图5-10所示。

图 5-10　芍药切花

六、芍药常见病虫害及防治

芍药常见病虫害有灰霉病、叶斑病、白粉病、炭疽病、天牛、红蜘蛛、金龟甲、蜗牛等。

（一）病害及其防治

1. 灰霉病

（1）**症状**　灰霉病是芍药常见病害，常危害叶、茎和花等部位。症状有两种类型：一种是叶部病斑近圆形或不规则形，常发生于叶尖或叶缘，褐色或紫褐色，呈不规则轮纹。天气潮湿时，长出灰霉状物；茎上病斑褐色，往往软腐，使植株折倒。茎基部被害时，能引起全株倒伏；花部染病时，变为褐色，软腐，并产生灰色霉状物；另一种是叶片边缘产生褐色病斑，表面出轮纹状波皱。

（2）**发生规律**　病菌以菌核随病株残余物在土中越冬。多年连作地发病严重。高温和多雨的条件有利于分生孢子大量形成和传播。氮肥施用偏多，或栽植过密，湿度大而光照不足，生长嫩弱，均易受病菌侵染。一般6月中旬以前芍药产生枯焦、落叶多为该病所致。

（3）**防治方法**

1）农业防治　栽植地应通风透光，氮肥施用适量，雨后及时排水，随时清除病叶、病株。

2）化学防治　植株发病时可喷洒50%扑海因可湿性粉剂800~1 000倍液，或70%甲基硫菌灵可湿性粉剂1 000~1 500倍液，每10~15天喷施1次，连续2~3次。

2. 叶斑病

（1）**症状**　叶斑病的种类很多，有红斑病、褐斑病等，是一类真菌病害，主要危害叶片。病斑呈暗紫红色或黄褐色，叶背浅褐色，因品种而异，并且多数叶面病斑具有轮纹。病斑中间枯焦，严重时病斑可连成不规则的大型枯斑，甚至全叶枯焦。

（2）**发病规律**　病菌以菌丝在病株残体上越冬。春季产生分生孢子，借风雨传播。

此病自春天花谢后至秋季均可发生。株丛过密及潮湿的环境条件以及土壤偏碱,植株长势衰弱,圃地病株残体清除不尽等,均可使病害发生严重。不同品种对该病的抗性有一定差异。

(3)**防治方法**

1)农业防治　注意排水,秋后清除并烧毁病株残体,入冬后可在圃地垫肥土15厘米厚,促使病株残体腐烂,减少初侵染来源。

2)化学防治　展叶后每隔15天左右喷洒50%多菌灵可湿性粉剂1 000倍液1次,共喷2次;落花后用65%代森锌可湿性粉剂500~600倍液,每2周1次。50%甲基硫菌灵可湿性粉剂800倍液及波尔多液(1∶1∶200)防治效果更好。

3. 白粉病(图6-1)

图6-1　白粉病

(1)**症状**　病害先从植株内部近地面的叶片开始发生。发病初期叶片正面、背面产生白色近圆形的小粉斑,以后逐渐扩大成边缘不明显的连片白粉斑,随后整个病斑连在一起布满整个叶片、叶柄,茎部也受侵染。严重时白粉状物变成灰白色或红褐色,叶片枯黄且发脆,但一般不脱落。

(2)**发生规律**　一般在5月底6月初即将花谢,气温20℃左右为初发期,7~8月时最为严重,几乎所有的植株都染病。

(3)**防治方法**

1)农业防治　加强肥水管理,使植株生长健壮,抗病能力增强。花后及时疏枝,剪除残花。栽植时宜选高燥地带,使雨季能及时排涝,减少积水,降低小环境湿度。秋末将地上部分全部剪除,烧毁。发病初期及时摘除病叶、病枝。

2)化学防治 花前用50%多菌灵可湿性粉剂500倍液灌根,800倍液喷施叶面2~3次,每15天1次。一旦有10%以上的植株染病,立即用70%甲基硫菌灵可湿性粉剂1 000倍液,5%醚菌酯水分散粒剂1 000~1 500倍液,15%三唑酮可湿性粉剂1 000倍液交替喷施叶面及植株周围地面,15天1次,连用,2~3次。

4. 炭疽病

(1)**症状** 芍药炭疽病,亦称黄斑炭疽病,可危害芍药的茎、叶、叶柄、芽鳞和花瓣等部位,对幼嫩组织危害最大。茎部被侵染后,初期出现浅红褐色、长圆形、略下陷的小斑,后扩大成不规则形大斑。叶片受侵染时,沿叶脉和脉间产生小而圆的黄褐色或淡灰白色病斑,稍凹陷。病斑大小2~5毫米,后期病斑可形成穿孔。受害幼叶皱缩卷曲。芽鳞和花瓣受害常发生芽枯和畸形花。

(2)**发生规律** 病原菌以菌丝体在病叶、病茎中越冬,翌年生长期,环境条件适宜时,越冬菌丝产生分生孢子盘和分生孢子。高温多雨年份发病较多,通常8~9月降雨多时发病严重。

(3)**防治方法**
1)农业防治 秋季及时清除病叶、茎等烧毁。
2)化学防治 5~6月发病初期可喷洒65%代森锌可湿性粉剂500倍液,10%苯醚甲环唑水分散粒剂3 000~5 000倍液,50%炭疽福美可湿性粉剂500倍液,每隔10~15天喷1次,连续2次。

5. 轮纹病(图6-2)

轮纹病属于真菌性病害,主要危害叶片,病叶率在20%~30%,造成减产30%。

(1)**症状** 轮纹病初期叶片上产生圆形或半圆形病斑,褐色至黄褐色,同心轮纹明显。发病后期病斑上着生淡黑色霉层,发生严重时整个叶片布满病斑而枯死。

(2)**发生规律** 病菌在病株残体组织上越冬,翌年产生分生孢子引起初侵染,以后不断引起再侵染扩大危害,病菌主要通过风雨、气流传播。

(3)**防治方法**
1)农业防治 加强田间管理,合理密植。春、秋季彻底清除田间病株残体集中烧掉或深埋,及时中耕,切断菌源传播途径。
2)化学防治 7月中旬喷1∶1∶150波尔多液保护植株。发病初期用80%代森锰锌可湿性粉剂500倍液或80%克露可湿性粉剂600倍液连喷2~3次,每隔10~15天喷1次。

图 6-2　轮纹病

6. 白绢病(图 6-3)

(1)**症状**　感染的病株基部,先发生黑褐色湿病,随后在土表或植株基部,出现白色菌丝体为主要特征。

(2)**发生规律**　在夏季多雨高温时节里,土壤潮湿,发病严重。发病严重时全株死亡,或全叶枯死。

(3)**防治方法**　发病后进行土壤更换或消毒。

图 6-3　白绢病

7. 锈病（图6-4）

（1）**症状** 发病时从叶面开始发生淡黄褐色小斑点，不久扩大出现橙黄色斑点，而后散出黄色粉末，就是孢子。

（2）**发生规律** 芍药的枝、叶、芽、果实都可受到伤害。

（3）**防治方法** 定期喷施65%代森锌可湿性粉剂500倍液，20%三唑酮乳油2 000~4 000倍液，10~15天喷1次，连续几次，可取得一定效果。

图6-4 锈病

8. 根腐病

（1）**症状** 发病部位为根部。发病初期（图6-5、图6-6）须根变褐腐烂，后逐步向主根和茎部蔓延，变黑褐腐烂，维管束变褐。地上部中午失水状萎蔫，晚上恢复，反复几天后逐渐萎蔫枯死，潮湿时茎基部长有少许白色菌丝体，根腐病发生严重时，会造成缺苗断垄（图6-7）。

图6-5 根腐病初期（1）

图 6-6　根腐病初期(2)

图 6-7　根腐病死苗严重,造成缺苗断垄

(2) **发生规律**　以菌丝、厚垣孢子随病残体在土壤中越冬。多在 4 月下旬发病,5~6

月严重。天气连续阴雨,植株生长不良,地下虫、线虫危害严重的田块发病重。

(3)**防治方法**

1)农业防治　a.实行轮作倒茬。b.发现病株立即拔除,用 401 水剂处理病穴。c.增施有机肥及磷、钾肥。d.防治地下虫及线虫。

2)化学防治　a.酸性土壤,翻地时每亩施入石灰粉 50~60 千克(图 6-8)。b.栽前根茎、芦头用 50%多菌灵可湿性粉剂或甲基硫菌灵可湿性粉剂 800~1 000 倍液浸 5 分,晾干后栽种。c.发病初期用 10%苯醚甲环唑水分药剂 3 000~5 000 倍液;50%多菌灵可湿性粉剂 800 倍液;80%绿亨 2 号可湿性粉剂 600 倍液;绿亨 1 号可湿性粉剂 4 000 倍液;32%克菌乳油 2 500 倍液或 50%根腐灵 800 倍液灌根,7 天灌 1 次,连灌 2~3 次。

图 6-8　撒石灰治疗芍药根腐病

(二) 虫害及其防治

1.介壳虫类(图 6-9)

(1)**种类及发生规律**　危害芍药的介壳虫类有很多,各年份及不同地区发生的种类及代数有所差异,1 年由 2 代到 4 代或 5 代,且世代重叠。主要包括吹绵蚧、柑橘臀纹粉蚧、日本蜡蚧、角蜡蚧、长白盾蚧、桑白盾蚧、网盾蚧、矢尖盾蚧、粉蚧等。介壳虫一般以受精的雌成虫越冬,4月下旬开始活动危害,4月底5月初幼虫可遍及全株。初孵虫在卵囊内经过一段时间后才分散活动,多定居于叶背主脉两侧,群集聚食危害。

(2)**防治方法** 药物防治应注意抓住虫卵盛孵期喷药。刚孵化的虫体表面未披蜡(蜡壳尚未形成),用药剂易杀死,若蜡壳已形成,则喷药难以生效。一般喷施50%马拉硫磷乳剂800~1 000倍液或50%辛硫磷乳油1 000~2 000倍液防治,每7~10天1次,连续2~3次。

图6-9 介壳虫

2. 刺蛾类

(1)**种类及发生规律** 黄刺蛾、扁刺蛾,初孵幼虫先取食叶的下表皮和叶肉,一年多代,对芍药叶片的危害较为严重。

(2)**防治方法** 敲除树干上越冬虫茧,或利用成虫趋光性设置诱捕成蛾;初孵的幼虫有群集性,可摘除虫叶消灭。严重时可进行药物防治。

3. 螨类

(1)**种类及发生规律** 山楂叶螨,亦称山楂红蜘蛛,主要以成螨和幼螨群集在叶脉两侧吮吸汁液危害,使被害叶片呈现失绿斑点。该虫1年发生6~9代,群栖于叶背吐丝结网。夏季高温、干旱有利该虫发生,7～8月为全年繁殖最盛时期。严重时,受害叶枯黄,甚至早期脱落。

(2)**防治方法** 彻底清除杂草和枯枝落叶。秋季越冬前在园中设置草把,诱集越冬雌螨,翌春收集烧毁。虫害盛发期,可喷50%三氯杀螨醇乳油1 500倍液进行防治。

4. 天牛类

(1)**种类及发生规律** 危害芍药的主要为中华锯花天牛。老熟幼虫于3月下旬从被害根部隧道中爬出进入土中,4月中旬进入预蛹期,历时10～15天。化蛹盛期在4月下旬到5月上旬,蛹期15～20天。5月中旬为羽化盛期。成虫羽化后在蛹内静伏约10天。5月下旬为出土盛期。5月中下旬开始产卵,5月底至6月上旬为产卵盛期,同期亦为卵孵化盛期。卵期约10天。大龄幼虫多在根茎交接部位。植株受害后,生长减弱,叶片发黄,严重时整株枯死。以不同龄期的幼虫在芍药根茎处越冬。世代重叠明显。

(2)**防治方法** a.在孵化和幼虫期,在植株根际打1～2个深10～15厘米的孔,每孔放入磷化铝1片,埋好,可有效杀死幼虫和卵。b.熏蒸:在芍药移栽时,挖坑用塑料薄膜密封处理芍药苗,用磷化铝片剂熏杀,每立方米用药2片(磷化铝每片3.3克)。

5. 金龟甲类

(1)**种类及发生规律** 金龟甲类昆虫很多,其幼虫统称蛴螬,常见危害芍药的有黑绒鳃金龟、苹毛丽金龟、黄毛鳃金龟及华北大黑鳃金龟等。4月下旬开始出现成虫,6～7月为盛发期,7月中旬至8月上旬为1龄幼虫盛发期。8～9月幼虫危害最为严重。被害株长势衰弱,叶片发黄,严重时全株死亡。而且由于幼虫危害造成根部大量伤口,土壤中的镰刀菌大量侵入,导致芍药根腐病严重发生。

(2)**防治方法** a.成虫防治可用人工振落捕杀。此外,夜行性金龟甲成虫大多有趋光习性,可设置黑光灯诱杀。成虫发生盛期可喷洒90%敌百虫晶体、80%敌敌畏乳油、50%马拉硫磷乳油等1 000～1 500倍液毒杀;成虫盛发期可在地面喷500～800倍50%辛硫磷乳油。b.幼虫防治可用白僵菌粉,每亩3～5千克,拌细土30～50千克,均匀撒施,亦可用50%辛硫磷颗粒剂每亩2.0～2.5千克处理土壤。

6. 蜗牛

(1)**种类及发生规律** 危害芍药的蜗牛有条花蜗牛、灰巴蜗牛等,在阴雨天、空气湿度大时大量繁殖,一般吞食芍药芽、嫩叶,在幼叶背面造成条状伤害,对芍药茎叶危害极大。

(2)**防治方法** a.可人工捕杀成虫和幼虫。b.危害期可喷洒900～1 000倍的90%敌百虫晶体,或1 000倍的50%辛硫磷乳油,或1 000～1 500倍的20%菊杀乳油等,连续3～4次。

7. 花蕾蚜虫(图6-10)

(1)**种类及发生规律** 一般为棉蚜,5月初为初发期,5月中旬高温干旱气候最为严重。最初在花蕾上分布一些零星的油点,后期油点越来越多,形成一层透亮的黏液包裹住花蕾,有的花蕾顶部变黑。近花蕾的叶片也油亮一层,摸上去粘手。刚展开的花瓣边缘有黑色缺刻,严重时花开得小,颜色浅。油点和黏液是棉蚜的排泄物。

(2)**防治方法** 蚜虫的防治以"早见早防"为原则。防治可采用30%噻虫·高氯氟悬浮剂1 000~2 000倍液喷雾;10%烯啶虫胺水剂2 000~2 500倍液喷雾;或者25%吡蚜酮悬浮剂1 500~2 500倍液喷雾。亦可采用600克/升吡虫啉悬浮种衣剂1 000~2 000倍液灌根防治。

图6-10 蚜虫

8. 金针虫

属于杂食性害虫,寄主较广,主要以幼虫危害芍药。一般危害率在15%,严重时高达30%以上,造成芍药产量下降,品质变劣。

(1)**种类及发生规律** 以幼虫咬食芍药幼苗、幼芽和根部,被害芍药伤口易染病,造成严重损失。主要以成虫在土壤中潜伏越冬,翌年春季开始活动,4月中旬开始产卵。初孵化幼虫就能取食芍药幼嫩根;成虫白天躲藏于寄主作物表土或者杂草中。土壤湿润对金针虫活动有利。

(2)**防治方法** 种植前要深耕多耙。芍药采收后及时深翻,以利于天敌捕食及机械杀死幼虫和蛹。夏季翻耕暴晒、冬季耕后冷冻都能消灭部分虫蛹。用50%锌硫磷乳油

800 倍液喷洒于土中或浇灌芍药根部。

9. 小地老虎

杂食性害虫,主要以幼虫危害芍药幼苗和根,一般危害率在 20%,严重时危害率高达 45% 以上,造成损失。

(1) *种类及发生规律* 前期以幼虫咬断芍药幼苗基部造成缺苗断垄。后期主食芍药根使产量降低,经济性状差。成虫白天潜伏于土壤缝隙、杂草间等,傍晚交尾产卵。具有强烈的趋化性,喜食糖和花蜜汁液。幼虫危害具有转移的习性,被害芍药幼苗逐渐萎蔫。幼虫有假死性,在土下筑室越冬。

(2) *防治方法* 及时铲除田间杂草,消灭卵及低龄幼虫,用糖醋液诱杀成虫,用新鲜泡桐叶和蓖麻叶诱杀幼虫。小地老虎对新鲜的泡桐叶和蓖麻叶具有较强的趋性。具体方法是在芍药田内按每亩放泡桐叶 80~100 片;蓖麻叶 20~30 片,均匀撒在田间,翌日天刚亮至太阳升起前,取出泡桐叶和蓖麻叶人工捕杀幼虫,结合中耕除草将用过的泡桐叶和蓖麻叶翻埋在芍药田内,腐烂成有机肥。也可用 90% 敌百虫晶体和适量菜籽饼搅拌均匀撒于田间根际。

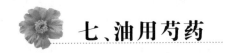

七、油用芍药

（一）油用芍药发展现状

近些年,随着经济的不断发展,人民生活水平不断提高,我国对食用油的需求量日益增大。目前,我国油料供给严重不足,内需缺口极大,食用油原料严重依赖进口。从2000年开始,我国大豆、豆油及棕榈油进口数量显著增加,特别是大豆年进口额占到油料总进口额60%以上,成为世界上最大的大豆进口国家。随着国内油料压榨油量不断下滑,我国对油料进口依存度逐年增加,严重影响了粮油安全。另外,随着生活水平不断提高,人们对生活和饮食质量要求也日益严格,特别是对天然食用油的安全和保健功能日益关注。因此,开发新的油料作物,提高我国食用油产量,提升食用油质量,对缓解我国油料紧缺局面和满足人民日益增长的需求有着重要的战略意义。

在我国,新的油料植物资源主要集中在木本植物上,目前新被批准的食用油植物资源有油茶、核桃、油橄榄、油棕、油牡丹等,它们适应范围广、油质优,适合我国大面积推广。这些新油料资源的主要特点是不饱和脂肪酸的含量较高,营养价值较高。比如,油牡丹为我国特色物种,主要为凤丹和紫斑种群,其中一些品种的籽油不饱和脂肪酸含量高达92.26%,特别是其中的α-亚麻酸含量达40%以上。而芍药无论从遗传角度还是外观形态方面,都与牡丹有很大的相似性。与油用牡丹相比,油用芍药的草本、花色丰富等特性又具有非常独特的优势。研究表明,油用芍药在脂肪酸含量、成分等方面与油用牡丹凤丹之间没有显著差异,说明油用芍药可作为油用牡丹的替代种质资源。此外,还有研究表明,芍药籽油中含有大量的生育酚,具有很强的抗氧化能力。因此,芍药籽油可以被开发成一种新的天然抗氧化植物资源,在油用方面也凸显出了越来越重要的价值。

芍药作为多年生宿根草本的生物学特性,决定了它比牡丹更为多样的开发利用形式,即在既不影响芍药观赏效果和芍药根采收的前提下,可选择结实性高、籽油品种好的品种进行取籽提油。因此,芍药籽油的开发不仅可为其花、果、根三用产业化栽培提供可能,还能够丰富芍药利用形式,为芍药综合利用提供又一新途径。

（二）油用芍药品种特征

油用芍药(图7-1)的栽培种一般通过种子和分株繁殖,花瓣一般着生于茎的顶端或近顶端叶腋处,共5~13片。其花部器官中雄蕊的颜色都为黄色。花色非常丰富,多数为粉红色至紫红色,少有白色,说明该类群杂合程度较高,但是缺少黄色和绿色的花色类型。花型多是单瓣型(图7-2)和荷花型。果为蓇葖果,呈纺锤形,2~8枚离生,由单心皮构成,内含种子一般5~7粒,少的2~3粒,多的甚至10粒以上。油用芍药在河南(黄淮地区)自然开放的时间为4月中旬至5月上旬,各地区开放时间随着当年气温的变化有异。单朵花的花瓣开放周期为一周左右。目前发现结实性较好的芍药品种,分别为野生芍药、杭白芍、鹤落粉池、万寿红、盘托绒花、莲台、朱砂判、白莲、粉玉奴、紫凤羽、金簪刺玉、佛光烛影、金星烂漫等。

图7-1 油用芍药

图7-2 单瓣型芍药

（三）油用芍药栽培技术要点

1. 地块及品种选择

应选择地势高，土壤干燥，排水良好、背风向阳的地块。另外应优先选择地势平坦，便于机械化操作的地块。以土层深厚（耕深30厘米以上）的沙质土壤最为适宜，要求土壤松软透气性良好，pH 6.5~8.0最为适宜，总盐适宜量应在0.3%以下。盐碱较重的地段种植前需要改良。芍药根系肉质不耐水渍，在地势较低处种植要起垄。芍药品种一般选择生长势强、结实率高、出油率高、适应性强的品种。

2. 种苗繁育

（1）**分株繁殖** 分株时间最好在秋季（9月下旬至10月上旬），切忌春季分株。因为芍药发芽时间较早，春天发芽后植株生长非常迅速，需要较多营养。如果春天进行分株，其伤口不能愈合，直接影响新芽生长，导致当年不能开花。分株时将芍药根全部挖起，除去泥土，剪除腐烂根，依自然缝隙劈开，或用刀切开，尽量多留肉质根和须根，每个根丛最好3~5芽，粗根要予以保留。若土壤潮湿，根脆易折，可先晾1天再分株。分根后再晾1~2天，即可进行栽植。

（2）**播种繁殖** 芍药种子寿命短，应随采随播，芍药种子有上胚轴休眠现象，播后当年秋季萌发幼根，翌春出芽。播前要整地做畦，浇透水。一般播种1 500千克/公顷以下，采用条播或畦播，播深3~4厘米。播前除去瘪粒和杂质，再用水选法去掉不充实的种子。可用赤霉素15克加水300千克浸种打破休眠，以达到苗匀、苗壮。播后覆细沙土，厚度为种子直径的1~2倍，经常保持土壤湿润。条播或畦播后盖上地膜，于翌年春天萌芽出土后撤去。

3. 栽植时间和栽植方法

芍药栽植时间以9月15日至10月15日为佳，最迟不超过10月底。选用苗高40厘米以上，苗径1厘米以上的壮苗进行定植。一般用50%多菌灵可湿性粉剂500~1 000倍液浸泡5~10分，晾干后分别栽植。栽植前土壤深翻为30~40厘米，施用饼肥、氮磷钾肥作为基肥，也可增施厩肥。同时施入辛硫磷颗粒剂和多菌灵等进行土壤杀虫灭菌。栽植时尾根过细过长的要剪去，以栽植后根部舒展为准。栽种芍药苗时使根舒展地放于穴中。一般栽植深度以覆土后高于顶芽4~6厘米为宜，栽植过深芽不易萌发出土，栽植过浅根茎露出地面新芽易抽干。当年栽植的芍药幼苗可以在入冬前堆10厘米左右的土堆，以防寒保墒。定植密度一般不低于3 500株/亩，行距40~60厘米，株距30厘米。连片大块地种植时，为机械操作方便管理，一般每隔4~6行可留宽距1.0~1.5米。

也可进行牡丹和芍药间种,在整好的地上按株行距(40~50)厘米×(20~25)厘米挖好穴,每穴栽 3 年油用牡丹苗 1 株,然后在油用牡丹行距中间按 15~20 厘米,穴深 15~20 厘米挖种植油用芍药的穴,每穴栽 3 年油用芍药苗 1 株。

4. 田间管理

(1)**松土除草** 要定期松土改善土壤透气性,增湿保墒。松土深度要根据苗木根系深浅程度而定,幼苗期松土要浅一些,尽量避免伤及根系。开花前要深锄,花开后要浅锄。

(2)**追肥** 芍药喜欢有机肥与磷、钾肥。栽植第一年,不需要追肥,栽植后第二年开始追肥。可安排 5 次追肥,以三元含硫复合肥为主,也可适当追施农家肥。第一次在 3 月出芽时追施,第二次在 4 月现花蕾时追施,第三次在 5 月下旬花谢后追施,第四次在 8 月下旬处暑以后、植株孕育翌年花芽时追施,第五次于 11 月植株周围开沟追施冬肥。

(3)**浇水** 芍药为肉质根,根系不耐水温,要保证排水系统疏通,不要积水。早春发芽前浇第一次水,花蕾出现后再浇第二次水。每次施肥后都要浇足水,并应立即松土,以减少水分蒸发。油用芍药浇水一般用渠水、河流水、沟水。禁止用含盐碱量高的水或者污染的水浇灌。芍药浇水一般采取喷灌、滴灌、开沟渗茬等方式。

(4)**清除落叶** 在 10 月底叶片干枯后,应及时清除落叶,把落叶带出园地,焚烧或深埋,减少来年病虫害的发生。

(5)**整形修剪** 定植后要根据芍药苗生长情况,在第二年秋季进行平茬,这样可以促使芍药苗从植株基部多生分枝,提高芍药开花量和结籽产量。三年生芍药修剪主要是去除过密枝,根据平时管理程度确定每亩地的留花量。整形修剪要根据枝叶分布层次空间在春季和秋季 2 次进行。

5. 病虫害防治

通过增施有机肥,栽植密度合理,加强园地通风透光,避免连作,及时排水等措施预防芍药病害的发生。及时采取化学、物理、生物、人工等办法,将虫害消灭在萌芽状态,防止蔓延扩大危害。

6. 种子采收

芍药种子成熟期一般在 8 月上旬至 8 月中旬,当果荚由绿变黄时即可采收。采收果壳褐黄色的果荚,一般摊放于阴凉通风的室内,摊放厚度要在 20 厘米,使其后熟。经过 10~15 天,果荚大多数自然开裂,爆出种子。后熟过程中,每 3 天翻动 1 次,防止其发霉。

(四)前景展望

芍药是著名的观赏花卉,也是一种重要的药用植物资源。2011 年,牡丹被正式批准为新的食用木本油料资源(主要为凤丹和紫斑牡丹两个种群)。油用牡丹目前存在的最大产业瓶颈是种质资源参差不齐,优良种但是无配套繁育技术,牡丹凤丹繁殖方式为种子繁殖,严重限制了产业发展。油用芍药在种苗繁育上可通过分株、组培快繁等途径实现,实现良种与种苗的产业化配套。在种质创新上,油用芍药比牡丹具有更加独特的优势,油用芍药资源上更加丰富,亦可通过杂交获得后代实现种质创新。因此,油用芍药的发展可以很好地实现从育种、种苗繁育到产业栽培的良性循环,具有开发为油用植物资源的潜力。此外,芍药可在不影响芍药生长的前提下,实现机械化收割,而牡丹作为多年生灌木,不能实现机械采收种子,需要投入大量的人力物力采收种子,增加人力成本,增加单位面积投入。从分布及适应性方面对比,芍药比牡丹有更广泛的地域及气候、土壤适应性,栽培范围更广,对环境因子极端变化耐受性也比牡丹强。油用芍药在花色上比较丰富,油赏兼用属性更加突出,经济附加值(观赏)较大,比油用牡丹更利于实现第一产业和第三产业的融合发展,可为乡村振兴提供非常好的种植素材。

我国是食用油生产大国,也是消费大国,尤其是高品质的多不饱和酸食用油的缺口还相当大。因此,以降低饱和脂肪酸含量、提升不饱和脂肪酸含量为方向的种质创新越来越受到关注;发展种植高产值、高品质的特色油料作物也是提高我国食用油自给率的必由之路。而油用芍药具有重要的经济价值,可作为一种新型油料资源,具有巨大的市场潜力。但当前亟待解决的问题就是实现油用芍药种质资源纯化、种苗繁育及标准化栽培技术体系建设。